Bo Hanus

Der leichte Einstieg in die
Elektrotechnik & Elektronik

D1671133

Bo Hanus

Der leichte Einstieg in die

Elektrotechnik & Elektronik

Bibliografische Information der Deutschen Bibliothek

Die Deutsche Bibliothek verzeichnet diese Publikation in der Deutschen Nationalbibliografie; detaillierte Daten sind im Internet über http://dnb.ddb.de abrufbar.

© 2017 Franzis Verlag GmbH, 85540 Haar bei München, www.franzis.de

Satz: Fotosatz Pfeifer, 82166 Gräfelfing
art & design: www.ideehoch2.de
Druck: M.P. Media-Print Informationstechnologie GmbH, 33100 Paderborn
Printed in Germany

ISBN 978-3-645-65118-9

Vorwort

Albert Einstein hat irgendwann gesagt, dass es zu den größten Herausforderungen gehört, eine komplizierte Sache einfach zu erklären. Dem kann man zustimmen. Und gerade bei Fachbüchern für Einsteiger ist es wichtig, dass die einzelnen Themen leicht verständlich erklärt werden.

Wir haben dieses Buch wie eine Erzählung verfasst, die man gemütlich Seite für Seite von Anfang an lesen sollte. Überspringen von Seiten kann Lücken zur Folge haben, bei denen der Faden leicht verloren gehen könnte, denn jedes neue Thema baut auf den vorhergehenden Informationen auf.

Wie so vieles, was der Mensch erlernt und ausübt, erhebt auch das Fachgebiet der Elektrotechnik einen gewissen Anspruch auf praktische Übungen in Form von z. B. einfacheren Experimenten. Die Elektrotechnik lässt sich ebenso wie Kochen, Schlittschuhlaufen oder Klavierspielen nicht allein durchs Lesen lernen. Aus einem guten Buch kann man zwar in Erfahrung bringen, worauf es bei der Sache ankommt, wozu das eine oder das andere geeignet ist und wie man damit umzugehen hat, aber ohne etwas Praxis gerät das erworbene Wissen ziemlich schnell in Vergessenheit.

Dieses Buch wurde mit sehr vielen Abbildungen gespickt, die als greifbare Beispiele den Zusammenhang zwischen Bekanntem und Unbekanntem erläutern.

Viel Spaß beim Lesen dieses Buchs und viele Erfolgserlebnisse beim Experimentieren wünschen Ihnen

Bo Hanus und seine Co-Autorin (und Ehefrau) **Hannelore Hanus-Walther**

Inhalt

1 Die elektrische Energie

Steckdosen und Batterien sind die bekanntesten Energiequellen, aus denen wir die elektrische Energie beziehen.

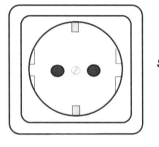

Steckdose
230 Volt ~

Batterien sind nur Energiekonserven mit einem beschränkten Vorrat an Energie. Sie sind wahlweise als *wiederaufladbare* Batterien (Akkus) oder als *nicht wieder aufladbare* Batterien (Wegwerfbatterien) erhältlich.

Der elektrische Strom aus den Steckdosen, die an das öffentliche Stromnetz angeschlossen sind, steht einfach „auf Abruf" je-

Batterien

derzeit bereit. Er wird überwiegend in großen Stromgeneratoren erzeugt, die vom Prinzip her ähnlich einem Fahrraddynamo konstruiert sind. Sie sind zwar viel größer und aufwendiger, aber erzeugen den elektrischen Strom auf die gleiche Weise (darauf kommen wir noch zurück).

Wir wissen, dass die elektrische Energie in zwei Grundformen zur Verfügung steht: als *Wechselspannung* und *Wechselstrom* oder alternativ als *Gleichspannung* und *Gleichstrom.*

Als internationale Abkürzung für die *Wechselspannung* bzw. den *Wechselstrom* wird *„AC" (alternativ das Symbol ~)* verwendet.

Für *Gleichspannung* und *Gleichstrom* wird die Abkürzung *„DC"* (alternativ das Symbol „=") gebraucht.

Beispiele: „230 V AC" oder alternativ „230 V~" bedeutet, dass es sich um eine 230-Volt-Wechselspannung handelt.

„12 V DC" oder alternativ „12 V =" bedeutet, dass es um eine 12-Volt-Gleichspannung geht.

1.1 Die elektrische Spannung

Wir wissen, dass jede Quelle der elektrischen Energie eine vorgegebene Spannung hat und dass jedes elektrische Gerät oder jede Glühlampe für eine – vom Hersteller bestimmte – *Betriebsspannung* ausgelegt ist.

Die elektrische Spannung wird in *Volt* (abgekürzt V), manchmal auch in Kilovolt (kV) oder in Millivolt (mV) angegeben bzw. gemessen. Mit der Umrechnung ist es ähnlich wie bei den Längenmaßen (Meter, Kilometer oder Millimeter): 1 kV = 1.000 V, 1 mV = 0,001 V.

Abhängig von der Art der vorgesehenen Stromversorgung werden elektrische Geräte in *netzbetriebene* und *batteriebetriebene* eingestuft. Manche Geräte sind für beide Arten der Stromversorgung vorgesehen. Zudem verfügen viele batteriebetriebene Geräte über ein zusätzliches „Netzteil", über das sie wahlweise an eine 230-Volt-Steckdose angeschlossen werden können.

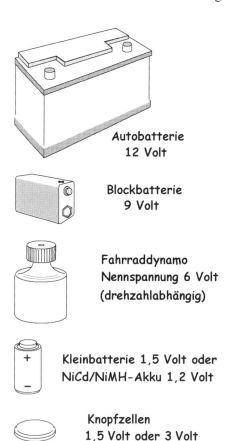

**Autobatterie
12 Volt**

**Blockbatterie
9 Volt**

**Fahrraddynamo
Nennspannung 6 Volt
(drehzahlabhängig)**

**Kleinbatterie 1,5 Volt oder
NiCd/NiMH-Akku 1,2 Volt**

**Knopfzellen
1,5 Volt oder 3 Volt**

Die 230-Volt-Spannung beziehen wir in der Bundesrepublik als *Hausnetz-Normspannung* (Licht- und Steckdosenspannung) aus dem öffentlichen elektrischen Netz. Für diese Spannung sind fast alle Haushaltsnetzgeräte und die meisten elektrischen Vorrichtungen ausgelegt. Das ist uns aber bekannt, denn wenn wir eine „normale" Glühlampe oder Leuchtstofflampe kaufen wollen, müssen wir darauf achten, dass sie auch tatsächlich für „230 V" vorgesehen ist.

Dass eine PKW-Glühlampe für eine 12-Volt-Versorgungsspannung ausgelegt ist, wissen die meisten von uns. Die gleiche Spannung hat ja auch die *Autobatterie*. Eine Fahrrad-Glühlampe ist wiederum für eine Spannung von bescheidenen 6 Volt konzipiert, denn der Fahrraddynamo – oder alternativ der Fahrradakku – liefert mehr oder weniger nur diese Spannung. Der Dynamo erzeugt jedoch die volle 6-Volt-Spannung nur, wenn kräftiger in die Pedale getreten wird, denn die von ihm gelieferte Spannung hängt von der Drehzahl seines *Rotors* ab.

Mit einer Betriebsspannung von bescheidenen 1,5 Volt geben sich vor allem die meisten Funk- und Quarzuhren zufrieden. Armbanduhren beziehen diese 1,5 V aus kleinen Knopfzellen, Haushaltsuhren aus kleinen (Mikro- oder Mignon-) Batterien. Einige Kleingeräte oder Spielzeuge geben sich sogar mit einer Betriebsspannung von 1,2 Volt zufrieden. Das kommt mit der typischen *Nennspannung* eines *NiCD*- oder *NiMH-Akkus* überein.

1.2 Der elektrische Strom

Der elektrische Strom wird oft mit dem Wasserstrom verglichen: Aus einem dünnen Gartenschlauch fließt ein schwacher, aus einem Feuerwehrschlauch kann bei Bedarf ein wesentlich kräftigerer Wasserstrom fließen. Das gleiche gilt auch für den elektrischen Strom: Je kräftiger der Strom ist, der durch einen Leiter fließt, desto größer muss der Durchmesser des Leiters sein.

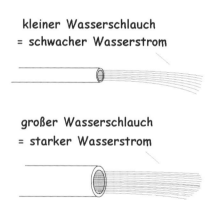

Und je stärker ein Strom ist, desto mehr kann er leisten. Das gilt sowohl für den Wasserstrom als auch für den elektrischen Strom.

Der elektrische Strom ist jedoch nicht sichtbar. Man kann daher eine Stromleitung in dieser Hinsicht mit einer Druckluftleitung vergleichen, in der die strömende Luft ebenfalls nicht sichtbar ist, aber dennoch erfahrungsgemäß z. B. pneumatische Handwerkzeuge antreiben kann.

Die Stromstärke wird in *Ampere* (A) oder in *Milliampere* (mA) angegeben oder gemessen. Auch hier ist es mit der Umrechnung von *Milliampere* in *Ampere* ähnlich wie bei der Umrechnung von Millimetern in Meter (1 mA = 0,001 A).

Der elektrische Strom fließt – in der Form von Elektronen – durch kompakte Leiter, die überwiegend als Drähte oder Kabel in diversen Durchmessern erhältlich sind. Genau genommen fließt der elektrische Strom durch alle Metalle (oder auch durch andere elektrisch leitende Materialien), ohne Rücksicht auf ihre Form.

Je kräftiger der Strom *(in Ampere)* ist, der durch einen Leiter fließt, desto größer muss der Durchmesser des Leiters sein.

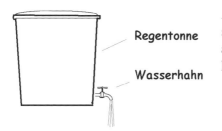

Regentonne

Wasserhahn

Aus einer Regentonne fließt das Wasser heraus, sobald der Wasserhahn aufgedreht wird. Das ist der Schwerkraft zu verdanken.

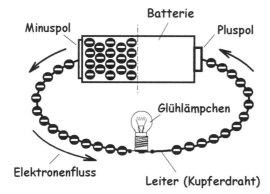

Minuspol   **Batterie**   **Pluspol**

Glühlämpchen

Elektronenfluss   **Leiter (Kupferdraht)**

Der elektrische Strom kann nicht aus eigener Kraft aus der Steckdose oder aus der Batterie herausfließen. Da jede elektrische Spannungsquelle aus zwei Polen besteht, kann der Strom immer erst dann von einem Pol (Pluspol) zum anderen Pol (Minuspol) fließen, wenn eine elektrisch leitende Verbindung erstellt wird.

In einer intakten (aufgeladenen) Batterie herrscht am Minuspol ein Überschuss an Elektronen und am Pluspol ein Mangel an Elektronen. Wird an die zwei Pole z. B. ein Glühlämpchen angeschlossen, fließen durch ihren Glühfaden die Elektronen vom Minuspol zum Pluspol – allerdings nur so lange, bis sich ein Gleichgewicht einstellt (= bis die Batterie leer ist).

Der Fluss der Elektronen bewegt sich – als fließende elektrische Ladung – zwar vom Minuspol zum Pluspol, aber der elektrische Strom fließt in der Gegenrichtung <u>vom Pluspol zum Minuspol</u>. Daher gilt in der Elektrotechnik (und Elektronik) als Faustregel, dass der elektrische Strom immer vom Pluspol zum Minuspol fließt. Darauf werden auch alle Schaltungen und Funktionen abgestimmt.

Der *hochohmige* Glühfaden des Glühlämpchens wirkt sich auf die strömenden Elektronen als eine Bremse aus. Würde man bei diesem Beispiel das Glühlämpchen weglassen und die Pole einer Batterie nur mit einem Kupferdraht verbinden,

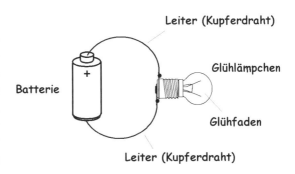

hätte das einen *Kurzschluss* zur Folge. Ein sehr dünner Kupferdraht würde dabei schmelzen (wie eine Sicherung „durchbrennen"), ein dicker Kupferdraht würde einen explosionsartigen Ausgleich der Polpotenziale verursachen und dabei die Batterie vernichten.

Als Abhilfe gegen ein solches Risiko dienen Sicherungen, die z. B. auch bei einem Pkw zwischen der Autobatterie und den Zuleitungen zu allen Lampen und anderen „elektrischen Verbrauchern" eingegliedert sind. Auch ein jedes *Hausnetz* verfügt über Sicherungen oder Sicherungsautomaten, die bei einem Kurzschluss die geschützte Leitung vom Netz abschalten.

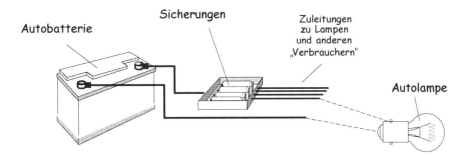

Sowohl für Wechselstrom als auch für Gleichstrom gilt:

Die Strom-Maßeinheit heißt *Ampere* (abgekürzt A). In der gängigen Praxis wird der Strom manchmal nur in Milliampere (mA) oder Mikroampere (µA) angegeben. Auch hier ist es mit der Umrechnung ähnlich wie bei den metrischen Maßeinheiten: 1 A = 1.000 mA oder 1.000.000 µA.

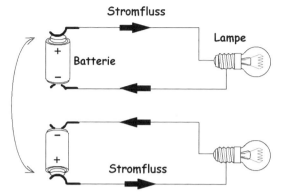

Der Unterschied zwischen Wechselstrom und Gleichstrom ist vom Prinzip her leicht zu erklären:

Wird eine Glühlampe an eine Batterie angeschlossen, fließt durch sie ununterbrochen ein konstanter Strom *(Gleichstrom)* nur in einer Richtung.

Eine improvisierte Wechselstromquelle könnten wir – wie abgebildet – z. B. mithilfe einer Batterie-Stromversorgung erstellen, bei der die Polarität der Stromzufuhr zu der Glühlampe durch ständiges *Umpolen* der Batterieanschlüsse gewechselt wird.

Auf die hier bildlich dargestellte Art wäre die *Frequenz* der Wechselspannung natürlich nur sehr niedrig. Man könnte jedoch einen solchen Polaritätswechsel z. B. mithilfe eines kleinen elektromagnetischen Umschalters beschleunigen, der wie ein Blinker hin und her wippt und das ständige Umdrehen der Batterie ersetzt. Auf den „tieferen Sinn" einer solchen Lösung, sowie auch auf die tatsächliche Wechselstromerzeugung, kommen wir in Kap. 4 zurück.

1.3 Die elektrische Leistung

Wenn es heißt, dass die Leistung eines Motors z. B. 1 PS beträgt, dürfte es stattdessen heißen, dass sie 736 Watt beträgt, denn 1 PS = 736 Watt. Soweit zum „greifbaren" Vergleich der zwei Leistungsmaßeinheiten. Wir verzichten auf das Grübeln darüber, wie viele von uns sich unter dem Begriff *1 PS* (eine Pferdestärke) konkret vorstellen können, was für eine Leistung ein angemessen motiviertes Pferd tatsächlich aufbringen kann.

Mit der elektrischen Leistung hat dieser Vergleich nur soviel zu tun, dass z. B. ein Elektromotor mit einer Ausgangsleistung (Abgabeleistung) von 736 Watt (= 0,736 kW) ungefähr die gleiche Leistung aufbringen müsste, wie ein kooperatives lebendiges Pferd. Dieser Vergleich reicht aus, um sich die Größenordnung der elektrischen Leistung zumindest ungefähr vorstellen zu können. Elektrische Leistung kann jedoch leicht in Leistungen umgewandelt werden, die – wie z. B. Licht oder Wärme – mit einer rein mechanischen Leistung nur bedingt vergleichbar sind.

Elektrische Leistung kann vielseitig genutzt werden:

Mit der eigentlichen Berechnung der elektrischen Leistung ist es sehr einfach:

Spannung (in Volt) × Strom (in Ampere) = Leistung (in Watt)
Zwei Abwandlungen dieser Formel lauten:
Leistung (in Watt) : Spannung (in Volt) = Strom (in Ampere)
Leistung (in Watt) : Strom (in Ampere) = Spannung (in Volt)

Es handelt sich hier um eine ähnliche Formel wie die, die uns von der Berechnung einer Fläche geläufig ist: Länge × Breite = Fläche

Die elektrische Leistung ist an den Typenschildern der meisten elektrischen Geräte – sowie auch auf allen Glüh- und Leuchtstofflampen – aufgeführt und braucht nur selten berechnet zu werden. Dennoch kann sich der Zugriff auf diese Formel manchmal als ganz nützlich erweisen. Als ein einfaches Beispiel dient folgendes Anliegen:

Im Waschraum eines Wohnhauses sind die Steckdosen für die Waschmaschine und den Wäschetrockner an einem gemeinsamen 16-Ampere-Sicherungsautomaten (neudeutsch „Leitungsschutzschalter") angeschlossen. Wenn beide Maschinen gleichzeitig betrieben werden, schaltet der Sicherungsautomat den Strom oft ab.

Warum? Ist der Sicherungsautomat vielleicht überlastet? Das lässt sich leicht auskundschaften. Auf den Typenschildern (und in den Bedienungsanleitungen) der Geräte sind jeweils nur die Betriebsspannung (230 V~) und die *„Anschlusswerte"* bzw. die *bezogenen Leistungen* als *3.000 W (3 kW)* und *2.500 W (2 kW)*, aber nicht der Stromverbrauch aufgeführt. Macht nichts, denn das rechnen wir uns leicht aus:

Die maximal bezogene Leistung beträgt 3.000 Watt + 2.500 Watt = 5.500 Watt. Diese 5.500 Watt teilen wir durch 230 Volt und erhalten einen Strom von stolzen 23,91 Ampere (5.500 W : 230 V = 23,91 A).

Diese maximale Stromaufnahme kommt immer dann vor, wenn beide Maschinen (abhängig von der jeweiligen Programmstufe) den maximalen Strom beziehen. Ein 16-A-Sicherungsautomat ist hier deutlich unzureichend und sollte durch einen 25-A- oder 32-A-Automaten ersetzt werden.

Bei der *elektrischen Leistung,* die bei Elektrogeräten oder Elektromotoren aufgeführt wird, muss zwischen der *Abnahmeleistung (d.h. der bezogenen oder verbrauchten Leistung)* und der *Abgabeleistung (d.h. der tatsächlich erbrachten Leistung)* unterschieden werden. Diese zwei unterschiedlichen „Leistungen" geben z. B. Hersteller von Elektromotoren auf folgende Weise in den technischen Daten preis: Abnahmeleistung 200 Watt, Abgabeleistung 108 Watt.

Die Abnahmeleistung sagt also nur aus, was der Motor „frisst", die Abgabeleistung sagt aus, was er tatsächlich leistet. Ein Staubsaugermotor kann z. B. 1.500 Watt „fressen", aber in Wirklichkeit dennoch nur einen Bruchteil dieser Leistung abgeben. Mit einer „normalen" Glühbirne ist es in dieser Hinsicht noch schlimmer, denn sie wandelt nur etwa 5 % bis 6 % der bezogenen Energie in Licht um. Den Rest der bezogenen Energie strahlt sie in die Umgebung als Wärme ab (worauf man meist verzichten könnte).

So gut wie keine energetischen Verluste entstehen bei der Umwandlung der elektrischen Energie in Wärme: Elektroheizkörper (darunter auch Heizkissen und Heizdecken) oder Wasserkocher, deren Heizspirale vom Wasser voll umhüllt ist, arbeiten in dieser Hinsicht praktisch verlustfrei.

Wäre noch darauf hinzuweisen, dass die Leistung bei manchen induktiven Lasten (z. B. bei Transformatoren) nicht in Watt (W), sondern in Voltampere (VA) angegeben wird. Das hat etwas mit der „Phasenverschiebung" (mit dem so genannten Phasenwinkel „φ") zu tun. Wir dürfen einfachheitshalber die „VA" und die „W" als dasselbe betrachten. Genau genommen müsste andernfalls für die Berechnung der „Wirkleistung" bei induktiven Lasten die Formel:

Leistung = Spannung × Strom × cos (φ)

angewendet werden.

Das „cos (φ)" stellt eine Zahl dar, die immer kleiner als 1 ist und somit die Leistung etwas reduziert. Dieses cos (φ) wird in der Praxis bei induktiven Lasten jedoch nur selten angegeben (z. B. als cos φ = 0,95). In dem Fall bezieht man es – wenn man will – in die Formel ein. Man darf sich aber in der Praxis einfach damit zufrieden geben, dass man über die Existenz dieses komischen „Kosinus φ" im Bilde ist. Jedenfalls wirkt sich diese „Phasenverschiebung" auf die tatsächliche Leistung sozusagen als ein sanfter „Abspeckfaktor" aus. Gut zu wissen, dass es so etwas überhaupt gibt (und das genügt).

1.4 Die Kilowattstunden

Der Stromzähler des Stromlieferanten zählt in jedem Haushalt laufend den Energieverbrauch in Kilowattstunden. Wie der Name des Zählers andeutet, handelt es sich hier um die Erfassung der bezogenen Energie in der Form von *Leistung* (in Kilowatt) *mal Zeit* (in Betriebsstunden). Die Endsumme wird als *Kilowattstunde(n)* – abgekürzt *kWh* – bezeichnet. Eine Kilowattstunde = 1.000 Wattstunden (1 kWh = 1.000 Wh).

Einige Beispiele:
Bezieht eine 100-Watt-Glühlampe eine Stunde lang den elektrischen Strom, entsteht ein Stromverbrauch von 100 Wh (= 0,1 kWh).

Bezieht eine elektrische Kochplatte eine Stunde lang eine elektrische Leistung von 1.500 Watt (1,5 kW), ergibt sich daraus ein Energieverbrauch von 1,5 kWh. Bleibt sie zwei Stunden lang eingeschaltet, verdoppelt sich der Energieverbrauch auf 3 kWh usw.

Eine 7-Watt-Energiesparlampe verbraucht erst nach ca. 142,8 Betriebsstunden eine einzige Kilowattstunde an elektrischer Energie (1.000 Watt : 7 Watt = 142,8 Betriebsstunden).

Laut Prospekt verbraucht ein LED-Fernseher eine elektrische Leistung von 70 Watt (im Betrieb) und 0,3 W (W) (im Stand-by-Betrieb). Wie lange er im „Vollbetrieb" läuft, bevor er eine Kilowattstunde (1.000 W × 1 Stunde) verbraucht, ist schnell ausgerechnet: 1.000 W : 70 W = 14,28 Std.

Nun zum Stand-by: Wir nehmen an, dass wir im Durchschnitt 2 ½ Stunden pro Tag fernsehen. Der Rest von 21,5 Std. pro Tag entfällt auf den Stand-by-Verbrauch. Das ergibt pro Jahr: 365 Tage × 21,5 Std. = 78.475 Stunden; multipliziert mit 0,3 W = 23.542 Wattstunden (= 23,5 kWh).

Kostet uns eine Kilowattstunde z. B. 26 Cent, verbraucht der Stand-by-Betrieb 6,11 € im Jahr (0,26 € × 23,5 kWh = 6,11 €).

1.5 Elektrische Leitungen

Als elektrische Leitungen werden bekanntlich Kupferleiter in der Form von isolierten Drähten und Kabeln verwendet. Auf nähere Einzelheiten kommen wir noch in Kapitel 9 zurück. Vorerst wäre jedoch erklärungsbedürftig, wie elektrische Leitungen, darunter auch leitende Verbindungen aller Art, in elektrischen Schaltplänen zeichnerisch dargestellt werden – was wir nun anhand von einigen Beispielen zeigen:

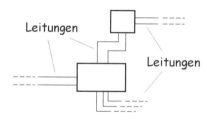

Grundsätzlich werden in einem elektrischen Schaltplan (in einem Schema) alle Verbindungen bevorzugt nur waagrecht und senkrecht angeordnet. Ausnahmen – in Form von schrägen Linien oder Bögen – sind zwar zulässig, aber nur dann sinnvoll, wenn es der leichteren Verständlichkeit der Schaltung dient. Dies kann vor allem Anwendern mit wenig Erfahrung den Überblick erleichtern (weshalb auch wir es in diesem Buch bei manchen Beispielen so handhaben). Wie eine schematisch dargestellte Verbindung im Schaltplan angeordnet ist (über wie viele „Ecken" sie sich um andere Bauteile schlingert), hat nichts damit zu tun, wie sie z. B. in einem Gerät tatsächlich verläuft oder wie sie beim Nachbau einer Schaltung verlegt wird. Ausnahmen werden üblicherweise nur bei Schaltplänen von elektrischen Hausnetzen gemacht, denn hier werden in der Regel die Lichtschalter, Steckdosen und Lampenanschlüsse „maßstabgerecht" in die Wände dort eingezeichnet, wo sie der Elektroinstallateur anbringen soll.

Wenn sich in einem Schaltplan zwei Linien kreuzen und diese Kreuzung nicht mit einem Punkt versehen ist, handelt es sich um zwei Linien, die miteinander nicht verbunden sind. Ist in einem Schaltplan die Kreuzung von zwei Linien – oder eine Abzweigung – mit einem Punkt versehen, handelt es sich um eine leitende Verbindung.

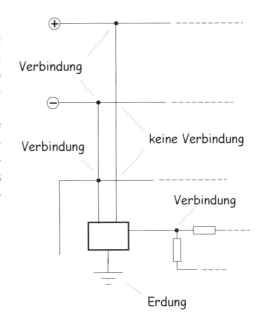

Solche Kreuzungen und Verbindungen verlaufen in Wirklichkeit in einem Gerät oder in einer Vorrichtung oft ganz woanders, als es schematisch dargestellt wird, denn bei einem Schaltplan geht es vor allem darum, dass die Funktionsweise der Schaltung leicht nachvollziehbar ist. Dem technischen Zeichner bleibt es dabei überlassen, wie er alles anordnet. Von Bedeutung ist nur, dass eine zeichnerisch dargestellte Leitung den *Ausgangspunkt* mit dem vorgesehenen *Zielpunkt* verbindet. Ein praktisches Vergleichsbeispiel geht aus der nebenstehenden Abbildung hervor.

In Wirklichkeit:

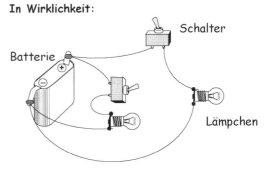

Schematische Darstellung der vorhergehenden Schaltung mit Anwendung von Schaltzeichen:

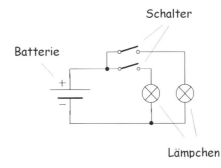

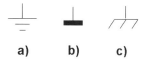

Das Schaltzeichen einer *Erdung (a)* oder *Masse (b)* spielt in der Elektrotechnik – und somit auch in der Elektronik – eine sehr wichtige Rolle. Das unter *(c)* abgebildete Schaltzeichen der Masse wird in ausländischen Schaltungen angewendet.

Ein „Erdleiter" (Schutzleiter) schützt im Hausnetz die Benutzer vor Verletzung – dies zumindest bei Lampen, Geräten und Vorrichtungen, deren Gehäuse aus Metall ist. Das Anschlusskabel ist in dem Fall dreiadrig ausgeführt, und der Erdleiter mit grün-gelber Isolierung wird mit den elektrisch leitenden Metallteilen solcher Verbraucher verbunden. Sollte durch eine interne Beschädigung der metallische Körperteil des Verbrauchers in Berührung mit der Phase kommen, verursacht das einen Kurzschluss, der eine blitzschnelle Stromabschaltung zufolge hat – wodurch der Anwender vor einem elektrischen Schlag geschützt wird.

Bei elektronischen Schaltungen müssen zudem etliche Funktionsteile „geerdet" werden, um ihre Aufgabe optimal erfüllen zu können. Unter diesem Begriff versteht man hier jedoch nur ausnahmsweise eine echte Verbindung mit „Mutter Erde", sondern eher eine Verbindung mit der „*Masse*". Mit ihr werden u. a. Chassis, Konsolen und Rahmen eines Gerätes, sowie auch Abschirmungen von Antennen-Koaxialkabeln und Audioleitungen verbunden. Auch der Minuspol einer einfacheren Spannungsversorgung einer elektronischen Schaltung wird in der Regel mit der Masse verbunden (wie in diesem Buch noch an mehreren Beispielen gezeigt wird).

2 Batterien und Akkus

Die Bezeichnung „Batterie" wird gegenwärtig ziemlich wahllos sowohl für *aufladbare* als auch für *nicht aufladbare* Batterien angewendet. Unter dem Begriff „Akku" (Akkumulator) ist dagegen *ausschließlich* eine „aufladbare Batterie" zu verstehen.

In Batterien entsteht die elektrische Energie durch chemische Vorgänge. Werden z. B. in ein Gefäß mit verdünnter Schwefelsäure (als Strom leitende Flüssigkeit) eine Kupferplatte und eine Zinkplatte getaucht, entsteht zwischen diesen zwei „Elektroden" ein *elektrisches Potenzial*. Die Kupferplatte (Kupferelektrode) ist der Pluspol, die Zinkplatte (Zinkelektrode) der Minuspol dieser Batterie.

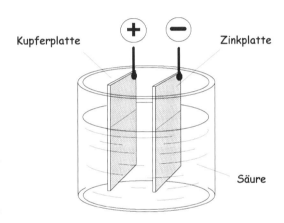

Als Batterie-Elektroden werden auch andere Metalle oder Materialien wie Aluminium, Eisen, Zinn, Gold, Silber, Quecksilber, Lithium, Wasserstoff, Natrium u. a. verwendet.

Eines haben die meisten „normalen" Batterien gemeinsam: sie sind *nicht wiederaufladbar*. Der elektrische Strom kann nur so lange bezogen werden, bis nach Ablauf der chemischen Reaktion eine der Elektroden chemisch zersetzt wird. Die Batterie liefert dann keine Spannung mehr (ist „leer").

Batterietyp:	Abmessungen:
Micro	H 44 ⌀ 10 mm
Mignon	H 50 ⌀ 14 mm
Baby	H 50 ⌀ 25 mm
Mono	H 60 ⌀ 32 mm
Block 9 V	49 × 26 × 16 mm

Wiederaufladbare Batterien (Akkus) können die elektrische Energie nicht intern erzeugen, sondern nur speichern. Sie müssen daher bereits beim Hersteller aufgeladen und danach vom Anwender nach Bedarf nachgeladen werden.

Die gängigsten Akkus sind:

a) Bleiakkus (zu denen auch Autobatterien gehören)
b) Nickel-Cadmium(NiCd)-Akkus
c) Nickel-Metallhydrid(NiMH)-Akkus
d) Lithiumakkus und Knopfzellen

Bleiakkus kennen wir vor allem als Autobatterien, die für eine *Nennspannung* von 12 Volt ausgelegt sind. Eine solche Batterie setzt sich aus sechs in Reihe geschalteten Blei-Einzelzellen zusammen, deren *Nennspannung* je 2 Volt beträgt (6 × 2 Volt = 12 Volt). Diese 2-Volt-Zellenspannung stellt eine typische Nennspannung eines Bleiakkugliedes dar.

Kleinere Bleiakkus sind für 6-Volt- und 12-Volt-Spannungen ausgelegt. Die hier abgebildeten Blei-Gel-Akkus verfügen über Kapazitäten zwischen 1,2 Ah (bei 6-V-Nennspannung) und 42 Ah (bei 12-V-Nennspannung).

Die Bezeichnung *Nennspannung* bezieht sich bei allen Batterien auf einen Spannungswert, der tatsächlich repräsentativ für einen breiteren Span-

Foto: ELV

nungsbereich ist. So liegt z. B. die tatsächliche Spannung einer aufgeladenen Autobatterie bei etwa 13,8 Volt und die einer „ziemlich leeren" in der Nähe von 10–10,5 Volt (typenabhängig).

Dass man eine Autobatterie als „ziemlich leer" bezeichnen darf, obwohl ihre Spannung z. B. *nur* auf 10,5 Volt gesunken ist, hat folgende Gründe: Ein jeder Bleiakku reagiert sehr empfindlich auf die Entladung unterhalb einer sogenannten *Tiefentladeschwelle*. Wenn seine Spannung einmal unter diese Schwelle (bei einem 12-Volt-Akku unterhalb von ca. 10–10,5 Volt) sinkt, wird er intern stark beschädigt oder vernichtet.

Eine solche Beschädigung ist zwar nicht nach außen sichtbar, aber der Akku hält nach dem Aufladen die in ihm gespeicherte Energie nur noch relativ kurze Zeit (wobei seine Speicherfähigkeit und „Selbstentladung" vom Ausmaß der Beschädigung abhängen).

Ganz anders sieht es beim Umgang mit einem NiCd-Akku aus: Ein NiCd-Akku liebt es, wenn er mindestens einmal in drei Monaten bis in die Nähe von 0,9 Volt pro Zelle (= um ca. ¼ der Nennspannung) entladen und danach wieder aufgeladen wird. Geschieht dies nicht, wird dieser Akku im Laufe der Zeit „faul" und lässt sich nicht mehr „ordentlich" (auf seine volle Kapazität) nachladen.

Verantwortlich für diesen Spleen ist bei den NiCd-Akkus ein sogenannter *Memory-Effekt*: Der Akku merkt sich, dass er nicht allzu sehr beansprucht wird, und stellt sich darauf ein.

Sowohl die NiCd- als auch die NiMH-Akkus sind für eine Spannung von 1,2 Volt pro Glied ausgelegt. NiMH-Akkus sind im Vergleich zu den NiCd-Akkus wesentlich strapazierfähiger, weisen eine höhere Kapazität wie auch eine längere Lebensdauer auf und leiden nicht unter dem erwähnten *Memory-Effekt*. Sie beinhalten zudem keine giftigen Stoffe und gelten daher als umweltfreundlich. Sie setzen sich trotzdem nur relativ langsam durch, weil sie noch ziemlich teuer sind.

Wiederaufladbare Lithium-Knopfzellen sind für die Energieversorgung diverser Kleingeräte – wie Solartaschenrechnern, Armbanduhren, Film- und Fotogeräte – zuständig und weisen eine „hohe Energiedichte" (= hohe Speicherkapazität bei geringem Platzbedarf) auf. Ihre *Nennspannung* beträgt 3 Volt und ihre Kapazität liegt (größenabhängig) zwischen ca. 25 und 1.000 Milliamperestunden (mAh).

Eine „aus dem Rahmen fallende Spezies" stellen die *limitiert aufladbaren* alkalischen 1,5-Volt-Batterien der Type „Rayovac" dar (Anbieter: Conrad Electronic). Diese Zellen können etwa 25-mal neu aufgeladen werden und verkraften bis zu 100 Ladevorgänge bei regelmäßiger Ladung, die mit einem speziellen *Rayovac-Ladegerät* vorgenommen wird. Diese Batterien sind vor allem durch die 1,5-V-Zellenspannung interessant, da sie anstelle von *nicht wiederaufladbaren* 1,5-V-Batterien angewendet werden können.

1,5 Volt

Bis zu 25 x und mehr aufladbar

2.1 Batteriespannung

Wird eine höhere Batte-
riespannung benötigt, als
eine einzige Zelle auf-
bringt, können beliebig
viele Zellen in Reihe (in
Serie) verschaltet wer-
den. Der Pluspol der ei-
nen Batterie muss dabei
jeweils mit dem Minus-
pol der nächsten Batte-
rie verbunden werden.

zwei 4,5-Volt-Batterien in Reihe

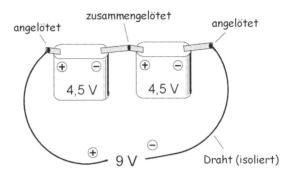

drei Batterien à 1,5 Volt in Reihe

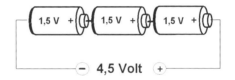

In den meisten Kleingeräten werden
die einzelnen Zellen jeweils – wie abgebildet – „gegengepolt" eingesetzt,
wodurch sich die einzelnen Verbindungen herstellungsseitig einfacher
bewerkstelligen lassen.

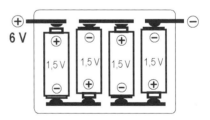

Anordnung der Batterien
in einem Kleingerät

Nicht nur einzelne Zellen, sondern auch beliebig große Batteri-
en – darunter z. B. Autobatterien
– können in Reihe geschaltet werden, um eine höhere Ausgangsspannung zu erhalten.

Für eine Reihenschaltung sollten
grundsätzlich jeweils Batterien

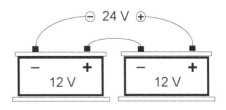

zwei Blei-Akkus in Reihe

derselben Type (zumindest der gleichen Kapazität) verwendet werden. Zur Not können auch „halb leere" Batterien mit neuen Batterien kombiniert werden, wenn z. B. ein Gerät nicht mehr funktioniert und nicht genügend neue Batterien vorrätig sind. Die Lebenserwartung der neuen Batterien wird durch eine solche Kombination nicht beeinträchtigt, aber die altersschwachen Batterien tragen in diesem Fall verständlicherweise nur mit ihren „Restspannungen" zur Ausgangsspannung der ganzen Spannungsversorgung bei. Ein möglichst schleuniges Ersetzen der einzelnen alten Batterien ist verständlicherweise sinnvoll. Andernfalls bleibt man beim Improvisieren oder es werden eines Tages die noch intakten zusammen mit den verbrauchten Batterien entsorgt.

2.2 Batteriekapazität

Die Batteriekapazität stellt das Fassungsvermögen (den energetischen Inhalt) einer Batterie dar. Sie wird in Amperestunden (Ah) angegeben. Diese Angabe dürfte alternativ als *Ampere mal Stunden* formuliert werden.

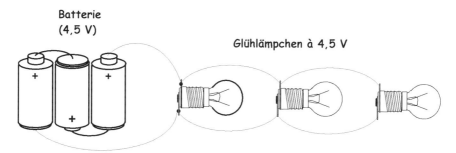

Batterie
(4,5 V)

Glühlämpchen à 4,5 V

Von der Intensität und Dauer der Stromabnahme
der angeschlossenen Verbraucher (Glühlämpchen)
hängt ab, wie schnell eine Batterie leer wird
(wann ihre Kapazität verbraucht ist).

Eine 60-Ah-Autobatterie kann beispielsweise:

6 Stunden lang einen Strom von 10 A liefern (6 Stunden × 10 A = 60 Ah) oder
10 Stunden lang einen Strom von 6 A liefern (10 Stunden × 6 A = 60 Ah) oder
40 Stunden lang einen Strom von 1,5 Ah liefern (40 Stunden × 1,5 Ah = 60 Ah) usw.

Die Stromabnahme kann natürlich auch portionsweise in verschiedenen Konstellationen erfolgen. Die jeweiligen „Stromabnahmen mal Zeitspannen" verbrauchen einfach den *energetischen Inhalt* (die Energiereserve) einer Batterie auf die gleiche Weise, wie wenn einem Weinfass der leckere Inhalt entnommen wird.

Das gleiche Prinzip gilt auch für kleine Batterien und Akkus. Im Gegensatz zu den Autobatterien ist jedoch der tatsächliche energetische Inhalt an kleinen Batterien nur ziemlich selten auffindbar. Die Hersteller bevorzugen nichtssagende Aufwertungen, wie „long-life" o. Ä.

In Katalogen des Elektronik-Versandhandels sind jedoch bei vielen Batterien die Kapazitäten aufgeführt und man kann sich bei Bedarf ausrechnen, wie lange eine Batterie „mitgeht", wenn sie einen „Verbraucher" versorgen soll, dessen Stromabnahme bekannt ist.

Bei kleineren Batterien (auch bei Knopfzellen) wird die Kapazität nicht in *Amperestunden* (Ah), sondern in *Milliamperestunden* (mAh) angegeben *(1 Ah = 1.000 mAh)*. Wie so etwas konkret aussieht, zeigen wir an einigen praktischen Teilauszügen aus dem Katalog von Conrad-Electronic:

Lithiumknopfzellen

Typ	Abmessungen ($\varnothing \times$ H)	Spannung	Kapazität
CR 1216	12 × 1,6 mm	3 Volt	25 mAh
CR 1220	12 × 2 mm	3 Volt	38 mAh
CR 1616	16 × 1,6 mm	3 Volt	50 mAh
CR 1632	16 × 3,2 mm	3 Volt	125 mAh
CR 2430	24,5 × 3 mm	3 Volt	285 mAh

VARTA NiCd-Akkus

Typ	Abmessungen ($\varnothing \times$ H)	Spannung	Kapazität
Lady	11,5 × 28,5 mm	1,2 Volt	180 mAh
Micro	10 × 43,5 mm	1,2 Volt	300 mAh
Mignon	14,5 × 50,3 mm	1,2 Volt	750 mAh
Baby	26 × 49 mm	1,2 Volt	1.500 mAh
Mono	33,5 × 61 mm	1,2 Volt	5.000 mAh

2.3 Das Laden

Bei wiederaufladbaren Batterien (Akkus) muss die verbrauchte Energie jeweils nachgeladen werden.

Wie bereits an anderer Stelle angesprochen wurde, ist bei allen Bleiakkus darauf zu achten, dass sie rechtzeitig nachgeladen werden, bevor ihre Spannung unter die sogenannte *Tiefentladeschwelle* sinkt.

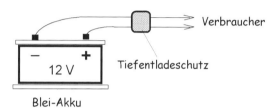

Bleiakkus, die nicht für Fahrzeuge im öffentlichen Verkehr verwendet werden, sollten bevorzugt mit einem *Tiefentladeschutz* versehen werden. Das ist ein kleines Gerät, das den Akku von dem angeschlossenen Verbraucher(n) automatisch abschaltet, sobald seine Spannung „gefährlich" sinkt, und erst dann wieder einschaltet, wenn er „zumutbar" nachgeladen wurde.

Das Nachladen eines NiCd-Akkus sollte – im Gegensatz zu dem Nachladen von Bleiakkus – bevorzugt jeweils erst dann erfolgen, wenn er ausreichend entladen ist. Das hängt mit dem bereits angesprochenen *Memory-Effekt* zusammen: Wird der Akku oftmals jeweils nur teilweise entladen und danach wieder nachgeladen, registriert er diese Schwelle als „Leerstand" und ist anschließend nicht mehr bereit, die Restenergie zu liefern, die unterhalb dieser Schwelle liegt. Danach verhält sich z. B. ein 1-Ah-Akku irgendwann nur wie ein 0,5-Ah-Akku und anschließend nimmt seine Leistungsfähigkeit weiter zu schnell ab. Ein solch „fauler Hund" kann jedoch bei etwas Glück mithilfe eines speziellen „Ladegerätes mit Pflegeprogramm" (Anbieter: Conrad Electronic) regeneriert werden.

Bei Autobatterien geschieht das Nachladen automatisch während jeder Fahrt. Zuständig dafür ist die so genannte Lichtmaschine. Das ist ein elektrischer Wechselstrom-Generator, der mit dem Automotor z. B. mittels eines Keilriemens verbunden ist. Sobald der Automotor läuft, erzeugt dieser Generator den benötigten Ladestrom für die Autobatterie. Da es sich um einen Wechselstromgenerator handelt, wird der von ihm erzeugte Wechselstrom gleichgerichtet und somit zu einem Gleichstrom umgewandelt. Eine zusätzliche Spannungsregelung sorgt dafür, dass die Ladespannung nicht einen Höchstwert überschreitet, der für die Autobatterie zu gefährlich wäre.

Akkuwerkzeuge verfügen üblicherweise über eigene „Stecker-Ladegeräte", die das bedarfsgerechte Nachladen bewerkstelligen.

Ansonsten gibt es für das Nachladen von allen handelsüblichen Akkus (darunter auch für das Laden von Autobatterien) eine große Auswahl an Ladegeräten.

Zum Aufladen eines Akkus braucht man jedoch nicht unbedingt ein „echtes" Ladegerät, sondern einfach nur eine Spannungsquelle, die über die erforderliche *Ladespannung* verfügt und einen „brauchbaren" *Ladestrom* liefern kann.

Die *Ladespannung* sollte etwa 18 % bis 22 % höher sein als die *Nennspannung* des geladenen Akkus, denn der elektrische Ladestrom kann in die Batterie nur dann hineinfließen, wenn die Ladespannung höher als die jeweilige Batteriespannung ist. Um z. B. eine 12-Volt-Autobatterie optimal aufladen zu können, müsste die Lade-

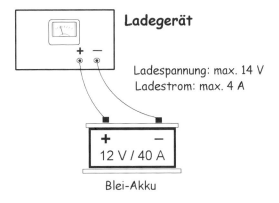

Ladegerät

Ladespannung: max. 14 V
Ladestrom: max. 4 A

+ −
12 V / 40 A

Blei-Akku

spannung ca. 14 Volt betragen (12 V × 1,18 ≈ 14 V). Der *Ladestrom* darf bei Bleiakkus und bei NiCd-Akkus höchstens 10 %, bei NiMH-Akkus höchstens 20 % der offiziellen Akkukapazität betragen. Eine 40-Ah-Autobatterie darf also höchstens mit einem Ladestrom von 4 A, ein 600-mAh(0,6 AH)- NiCd-Akku darf höchstens mit einem Ladestrom von 60 mA geladen werden usw.

Eine minimale Grenze gibt es dagegen bei dem Ladestrom nicht. Je niedriger der Ladestrom ist, desto länger muss geladen werden. Das verläuft nach dem gleichen Prinzip wie das Einlassen von Wasser in einer Badewanne. Ist z. B.

eine 40-Ah-Autobatterie „halb leer", müssen die verbrauchten 20 Ah nachgeladen werden. Da beim Laden bis zu etwa 20 % der zugeführten Energie durch Ladeverluste verloren geht, müssen nicht 20 Ah, sondern ca. 24 Ah nachgeladen werden. In die Batterie müsste demnach theoretisch etwa 6 Stunden lang ein Strom von 4 A oder 10 Stunden lang ein Strom von 2,4 A vom Ladegerät „hineingepumpt" werden (6 Std. × 4 A = 24 Ah; 10 Std. × 2,5 A = 24 Ah).

Batterie-schaltzeichen:

oder

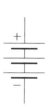

In der Praxis jedoch bezieht der Akku einen kontinuierlichen Ladestrom nur bei Anwendung von sehr speziellen Ladegeräten, die so ausgelegt sind, dass ihre Ladespannung mit der Spannung des geladenen Akkus schrittweise steigt. Ansonsten sinkt der Ladestrom während des Ladens laufend – was damit zusammenhängt, dass der Unterschied zwischen der steigenden Akkuspannung und der Ladespannung immer kleiner wird. Dieser Hinweis ist für die Praxis nur insofern von Bedeutung, dass die Dauer eines Nachladens entsprechend „großzügiger" einzuschätzen ist, falls kein Ladegerät verwendet wird, das die Vollendung des Nachladens anzeigt.

Ohne Rücksicht auf die Art und die Spannung einer Batterie wird in technischen Zeichnungen eines der oben abgebildeten Schaltzeichen verwendet (das untere Schaltzeichen wird mit Vorliebe dann verwendet, wenn hervorgehoben werden soll, dass es sich um eine Batterie mit mehreren Gliedern handelt).

2.4 Selbstentladung

Alle Batterien weisen eine Selbstentladung auf, die sich als „Ruhestand-Energieverlust" auswirkt. Bei Bleiakkus liegt die Selbstentladung (typenbezogen) zwischen ca. 3 % und 8 % pro Monat. Bei manchen NiCd-Akkus verursacht die Selbstentladung sogar ca. 15 % bis 30 % an Energieverlust pro Monat.

Manche spezielle Batterien (z. B. Lithiumbatterien), weisen eine sehr niedrige Selbstentladung auf, die, je nach Typ, sogar nur etwa 10 % in 20 Jahren beträgt. Sie liegt umgerechnet unter ca. 0,04 % bis 0,08 % pro Monat.

Auch bei *nicht wiederaufladbaren Batterien* – so z. B. auch bei Uhr-Knopfzellen – hat diese wenig bekannte (und nicht nachvollziehbare) Selbstentladung zur Folge, dass eine neu gekaufte Batterie unter Umständen schon einen großen Teil ihrer „besten Zeit" hinter sich hat.

Die Selbstentladung sollte vor allem bei Akkus berücksichtigt werden, die z. B. im Außenbereich für die Energieversorgung eines Gerätes oder einer Anlage zuständig sind und deren Spannung nicht automatisch überwacht oder angezeigt wird. Bleiakkumulatoren – wozu auch Auto-, Motorrad- oder Rasentraktor-Batterien zählen – die z. B. während der Wintermonate nicht gebraucht werden, sollten während ihrer „Ruheperiode" zumindest einmal (z. B. im Januar) nachgeladen werden. Das schützt sie vor einer gefährlich tiefen Selbstentladung und zudem auch vor evtl. Vernichtung durch Frost (wenig aufgeladene Bleiakkus sind wesentlich frostempfindlicher als volle Akkus, und ihr Gehäuse kann bei einem starken Frost ähnlich reißen wie ein Eimer, in dem das Wasser eingefroren ist).

Der 12-Volt-Bleiakku eines Fahrzeugs, das während der Winterperiode länger außer Betrieb bleibt, kann nach folgendem Beispiel auch solarelektrisch nachgeladen werden. Der kostengünstige Lade-IC *PB 137* verkraftet einen Ladestrom von bis zu 1,5 A und eine Ladespannung von bis zu 40 V. Diese Ladevorrichtung kann an die Batterie eines abgestellten Fahrzeugs während der ganzen Winterperiode angeschlossen bleiben.

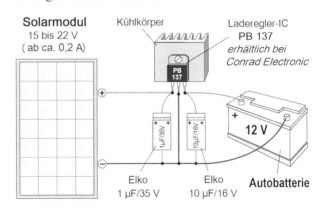

Lithiumbatterien sind leider oft nur für Nennspannungen ausgelegt, die von denen herkömmlicher Batterien und Akkus abweichen. Sie können daher nicht in Geräte oder Vorrichtungen eingesetzt werden, die für 1,5-V-Einwegbatterien oder 1,2-V-Akkus ausgelegt sind. Akku-Handwerkzeuge oder elektronische Geräte, die mit Lithium-Batterien betrieben werden, verdienen in Hinsicht auf ihre niedrige Selbstentladung und ihr geringeres Gewicht Vorrang vor vergleichbaren Produkten. Ansonsten sollte zumindest den NiMH-Akkus unbedingt Vorrang vor dem NiCd-Akkus gegeben werden. Diese leiden unter dem *Memory-Effekt* und versagen bei einem unregelmäßigen Gebrauch schnell gänzlich ihren Dienst.

3 Magnetismus

Dass ein Dauermagnet (Permanentmagnet) über eine unsichtbare und geheimnisvolle Kraft verfügt, wissen wir aus der Praxis. Es ist uns auch bekannt, dass ein Magnet nur magnetisch leitende Materialien (Eisen, Stahl, Nickel und Kobalt) anziehen und halten kann. Diese Anziehungskraft wird als *Magnetismus* bezeichnet. Magnetisch leitende Metalle bezeichnet man als *ferromagnetische Stoffe*.

In der Technik wird nicht nur die eigentliche Anziehungskraft des Magneten, sondern auch die Kraft des magnetischen Feldes genutzt, denn damit lässt sich Vieles machen. Anstelle von Dauermagneten werden zu vielen Zwecken Elektromagnete verwendet oder die Fähigkeiten der elektromagnetischen Felder und Wellen (z. B. Radiowellen) genutzt.

3.1 Dauermagnete

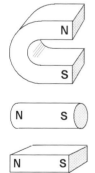

die bekanntesten
Dauermagnet-
Grundformen

Kleinere Dauermagnete (Permanentmagnete) sind in vielfältigen Formen erhältlich (oder als Bauteile in ausgedienten Haushaltsgütern zu finden). Eines haben alle Dauermagnete gemeinsam: Sie sind vom Hersteller *zweipolig magnetisch polarisiert*. Das kennen wir bereits aus der Schule und wir wissen auch, dass der eine Pol des Magneten als *Nordpol* (N), der andere als *Südpol* (S) bezeichnet wird.

Zwischen diesen zwei Polen herrscht eine kräftige Anziehungskraft: ein so genanntes *magnetisches Kraftfeld* oder schlicht *Magnetfeld,* das bildlich als magnetische Kraftlinien dargestellt wird. Diese Kraft wirkt sich als eine Anziehungskraft aus, die im Prinzip versucht, die zwei Pole des Magneten (den Nordpol und den Südpol) zueinanderzuziehen.

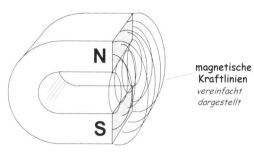

magnetische Kraftlinien
vereinfacht dargestellt

Der Magnet nimmt dabei dankbar jede zusätzliche magnetisch leitende Hilfsverbindung an, die in seine Nähe kommt. Sogar eine Nadel im Heuhaufen kann man mithilfe eines Magneten bei etwas Glück finden. Er zieht sie an und sie springt bereitwillig an ihn so heran, dass sie als Brücke die möglichst kürzeste magnetisch leitende Verbindung zwischen seinen zwei Polen nimmt.

Magnet

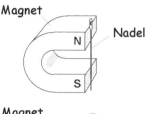

Nadel

Ähnlich wie die Nadel (aus dem Heu) verhalten sich Nägel oder beliebige andere magnetisch leitende Gegenstände.

Magnet

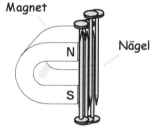

Nägel

Ungleiche Pole zweier Magnete (Nord- und Südpol) ziehen sich an, gleiche Pole drücken sich mit aller Kraft voneinander ab (stoßen sich ab). Dies gilt sowohl für Magnete, bei denen jeweils beide Pole gegenüberstehen (wie bei U-förmigen Magneten) als auch z. B. für stabförmige Magnete, von denen sich jeweils nur ein Pol des einen Magneten dem Pol des anderen Magneten nähert. Die zwei Stabmagnete springen dann bei ungleichen Polen (N & S) blitzschnell aneinander oder stoßen sich bei gleichnamigen Polen ab.

ungleiche Pole ziehen sich an

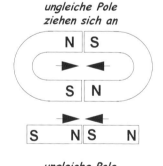

ungleiche Pole stoßen sich ab

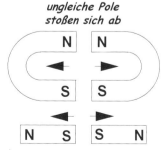

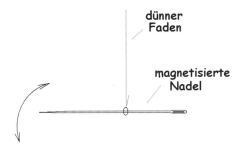

dünner
Faden

magnetisierte
Nadel

Eine Kompassnadel ist vom Prinzip her ebenfalls ein kleiner Dauermagnet, dessen Nordpol zum geografischen Norden und dessen Südpol zum geografischen Süden unserer Erdkugel zeigt – vorausgesetzt es gibt keinen störenden Magneten und keine zu massiv magnetisch leitenden Gegenstände in der Nähe.

Wird z. B. eine normale Stahlnadel (aus dem Nähkästchen) *vormagnetisiert* und in ihrer Mitte an einem dünnen Faden aufgehängt, verhält sie sich ähnlich wie eine „echte" Kompassnadel.

Dass auch stählerne Werkzeuge – z. B. Schraubenzieher oder Pinzetten – zu Dauermagneten werden, wenn sie mit einem Dauermagnet in Berührung kommen, ist bekannt. In der Praxis geschieht dies oft auch nur zufällig: Der Schraubenzieher oder die Pinzette kommen z. B. kurz mit dem Magneten eines Lautsprechers in Berührung und prompt werden sie „magnetisch". Jeder Nagel, Stab oder andere Gegenstand aus hartem Stahl kann zu einem Dauermagneten werden, wenn er z. B. für eine angemessen lange Zeit auf einen Dauermagneten (zwischen seine Pole) gelegt wird.

magnetisierter
Gegenstand

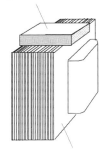

Transformator

Geschieht so etwas versehentlich, wird es lästig, wenn danach an einem Schraubenzieher oder an einer Feile ständig Eisenspäne haften. Ein *Entmagnetisieren* kann in solchen harmlosen Fällen am einfachsten dadurch bewerkstelligt werden, dass das magnetisierte Werkzeug z. B. für eine kurze Zeit auf den Eisenkern eines (eingeschalteten) Transformators gelegt wird. Der magnetische Fluss im Eisenkern (und um den Eisenkern) ändert seine Richtung im Takt der 50-Hz-Netzfrequenz und entmagnetisiert dabei kleinere Gegenstände, die von dem elektromagnetischen Feld erfasst werden.

Ein wesentlich gründlicheres *Entmagnetisieren* kann z. B. im hohlen Kern einer Magnetspule stattfinden, die an eine Wechselspannung angeschlossen ist:

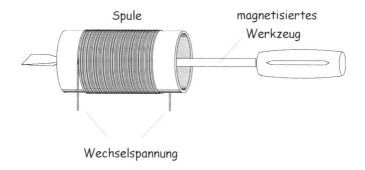

Spule

magnetisiertes Werkzeug

Wechselspannung

3.2 Zungenschalter (Reed-Kontakte)

Dauermagnete finden in der Elektrotechnik und in der Elektronik viele Anwendungen. Zu einem großen Teil sind diese Anwendungen aber mit Funktionen verbunden, die noch erklärt werden müssen.

Eine einfache praxisbezogene Anwendung dürfte aber schon jetzt angesprochen werden: die magnetische Betätigung der Zungenschalter (Reed-Schalter). Bei Annäherung eines Dauermagneten schaltet der Zungenschalter ein oder um.

Zungenschalter stellen eine ganz besondere Schaltergruppe dar. Sie bestehen aus zwei oder drei vormagnetisierten Metallzungen, die in einem kleinen Glasröhrchen „vakuumdicht" eingeschmolzen sind und von außen mittels Annäherung eines Dauermagneten betätigt werden. Zungenschalter mit zwei Metallzungen sind in der Regel als *Schließer*, Zungenschalter mit drei Metallzungen als *Umschalter* (Wechsler) ausgeführt.

einfacher Zungenschalter (Reed-Kontakt)

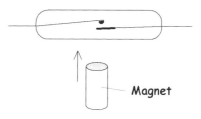

Magnet

Zungenumschalter

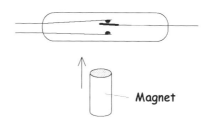

Magnet

Diese Schalter sind wetterunempfindlich und können daher auch im Außenbereich (z. B. als einfache Einbruchsschutz-Signalschalter) verwendet werden.

3.3 Elektromagnete

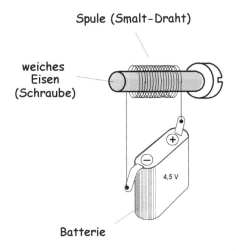

Spule (Smalt-Draht)

weiches
Eisen
(Schraube)

4,5 V

Batterie

Das Prinzip eines einfachen Selbstbau-Elektromagneten zeigt die nebenstehende Lösung: Man nehme z. B. eine eiserne Schraube, wickele um sie eine Art Spule aus dünnem Kupferdraht (Smalt-Draht), schließe diese Spule an eine Batterie an und ein Elektromagnet ist fertig. Ein solcher Elektromagnet verhält sich ähnlich wie ein Dauermagnet. Allerdings mit dem Unterschied, dass der Elektromagnet nur so lange eine magnetische Kraft besitzt, wie seine Spule an eine *Versorgungsspannung* angeschlossen ist. Wird die Versorgungsspannung abgeschaltet, verliert jeder Elektromagnet seine Anziehungskraft.

Würde man anstelle einer Weicheisenschraube auf die gleiche Weise z. B. einen Stahlnagel magnetisieren, würde er nach Abschalten der Versorgungsspannung magnetisch bleiben (zu einem Dauermagneten werden). Eine solche Lösung eignet sich zwar für die Erstellung von Dauermagneten, aber nicht für Elektromagnete, von denen erwartet wird, dass sie nur bedarfsgerecht aktiv werden. Was man sich darunter konkret vorstellen kann, zeigen wir nun an einigen praktischen Beispielen.

Ob – und wo – ein elektromagnetisches Feld vorhanden ist, kann uns ein Kompass anzeigen. Seine Nadel ändert ihre Position, wenn neben ihr ein Elektromagnet oder auch nur eine Spule ohne einen magnetischen Kern an eine Spannung angeschlossen wird:

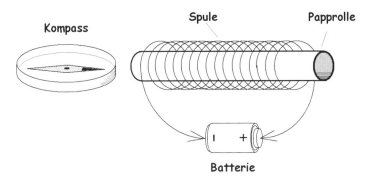

Kompass   Spule   Papprolle

Batterie

Ein elektromagnetisches Feld entsteht jedoch nicht nur um einen Elektromagneten, sondern um jeden elektrischen Leiter (Draht), durch den elektrischer Strom fließt. Auch dieses elektromagnetische Feld nimmt mit wachsender Entfernung von dem Leiter an Stärke ab.

Wird ein Leiter (z. B. 4-mm^2-Kupferdraht) zu einer Schleife geformt und über einen Verbraucher (Lämpchen) an eine Spannungsquelle angeschlossen, reagiert auch hier die Kompassnadel auf das elektromagnetische Feld der Schleife. Das Lämpchen fungiert hier nur als eine „Strombegrenzung", die die Batterie schützt (andernfalls würde ein direkter Anschluss der Schleife an die Batterie einen Kurzschluss zur Folge haben).

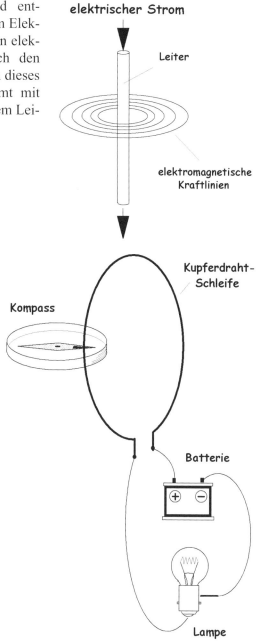

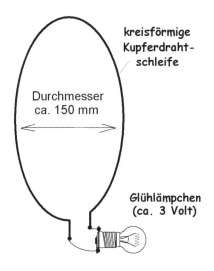

kreisförmige
Kupferdraht-
schleife

Durchmesser
ca. 150 mm

Glühlämpchen
(ca. 3 Volt)

Wer die Möglichkeit hat, kann in die Nähe einer Senderantenne eine solche Schleife halten, an deren beiden Enden ein Taschenlampenglühlämpchen (ca. 3 Volt) oder eine Leuchtdiode (ca. 2 Volt) angelötet ist. Ist das elektromagnetische Feld des Senders stark genug, wird das Glühlämpchen bzw. die Leuchtdiode leuchten. Hier erzeugt das elektromagnetische Feld des Senders eine ziemlich hohe Spannung, die durch *Induktion* in der Kupferschleife eine ausreichend hohe Spannung entstehen lässt. Anstelle eines Lämpchens kann an die Enden der Kupferschleife ein Voltmeter (Multimeter) angeschlossen werden, das die jeweilige *induzierte* Spannung sensibler anzeigt.

3.4 Hubmagnete

Hubmagnet ziehend

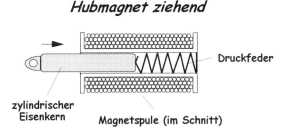

Druckfeder

zylindrischer
Eisenkern

Magnetspule (im Schnitt)

Das Interessante an der eigentlichen Funktionsweise eines *Hubmagneten* ist, dass die Magnetspule einen magnetisch leitenden (gleitenden) Kern in sich hineinzieht, wenn sie an eine Spannung angeschlossen wird. Sie strebt dabei an, einen „Magnetkern" in ihre Mitte hineinzuziehen, in der die Intensität der magnetischen Kraftlinien am höchsten ist. Bei einem Hubmagneten, der – wie hier abgebildet – als *ziehend* ausgelegt ist (und somit als Zugmagnet funktioniert), drückt die eingezeichnete Druckfeder den Magnetkern aus der Spule wieder heraus, sobald die Spannungszufuhr zu der Magnetspule abgeschaltet wird.

Ein *drückender* Hubmagnet funktioniert ähnlich wie der Zugmagnet. Sein Magnetkern ist z. B. nur mit einem längeren Stift versehen, der den Magneten zu einem Druckmagneten umfunktioniert.

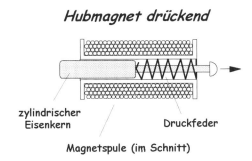

Hubmagnet drückend

zylindrischer
Eisenkern

Druckfeder

Magnetspule (im Schnitt)

3.5 Elektromagnetisches Türschloss

Ein Zugmagnet kann zu einem elektromagnetischen Türschloss oder zu einer elektromagnetischen Türverriegelung umfunktioniert werden.

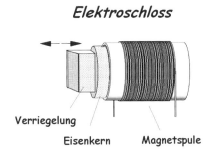

Elektroschloss

Verriegelung

Eisenkern   Magnetspule

3.6 Elektromagnetisch bediente Glocke

Das eigentliche Funktionsprinzip der hier dargestellten elektromagnetischen Betätigung einer Glocke ist leicht durchschaubar: Wird der eingezeichnete Taster betätigt, zieht der Elektromagnet die schwenkbare Eisenplatte an, die somit an dem Strick der Glocke zieht.

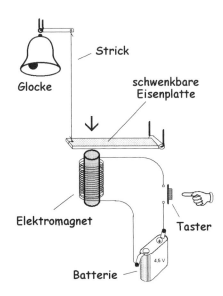

Strick

Glocke

schwenkbare
Eisenplatte

Elektromagnet

Taster

Batterie

4,5 V

3.7 Elektromagnetischer Türgong

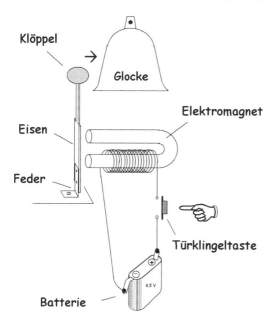

Klöppel

Glocke

Elektromagnet

Eisen

Feder

Türklingeltaste

Batterie

4,5 V

Auch hier ist die Funktion der elektromagnetischen Betätigung einer Glocke (eines Türgongs) leicht nachvollziehbar: Wird die Türklingeltaste betätigt, zieht der Elektromagnet (die Magnetspule) den Klöppel an und die Glocke erklingt. Genau genommen ist es erforderlich, dass der Klöppel federnd so montiert ist, dass er die Glocke durch seine Massenträgheit nur kurz berührt und danach etwas abspringt (ansonsten würde er den Klang der Glocke dämpfen). Der eigentliche Elektromagnet ist hier U-förmig ausgelegt. Dadurch wird erzielt, dass der Magnet bei dem gleichen Stromverbrauch wesentlich kräftiger den Klöppel betätigen kann. Seine magnetischen Kraftlinien werden nicht unnötig dadurch geschwächt, dass sie von dem einen Magnetpol zum anderen einen langen Weg durch die Luft nehmen müssen (die Luft ist für sie ein schlechter Leiter, in der das Magnetfeld viel von seiner Kraft einbüßt).

3.8 Elektromagnetische Türklingel

Zweispulen-Elektromagnete

a)

b)

Die meisten elektromagnetischen Klingeln sind mit *Zweispulen-Elektromagneten* ausgelegt. Es handelt sich dabei nur um eine Alternative zu dem U-förmigen Magneten aus dem vorhergehenden Beispiel. Zwei kleinere Spulen bieten gegenüber einer einzigen größeren Spule hauptsächlich den Vorteil einer technisch eleganteren Platz sparenden Anordnung. Den Magnetkern bilden – je nach Ermessen des Herstellers – entweder massives weiches Eisen oder mehrere zusammengesetzte Eisenbleche.

Herkömmliche Türklingeln läuten bekanntlich so lange, wie die Klingel-Taste gedrückt wird. Erzielt wird diese Funktionsweise durch einen einfachen Trick: Die Spannungszuleitung zu der Magnetspule wird jeweils mittels eines federnden Kontaktes unterbrochen, sobald die Spule den Klöppel anzieht. Kaum schlägt der Klöppel gegen die Glocke, fällt er wieder in seine Ausgangsposition zurück. In dem Moment schaltet aber der federnde (einstellbare) Kontakt die Spannung zu der Magnetspule wieder durch und der ganze Vorgang wiederholt sich. Mit der Stellschraube des federnden Kontaktes kann die Frequenz des „Vibrierens" des Klöppels eingestellt werden.

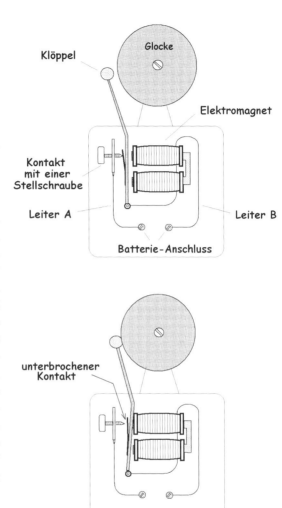

3.9 Zungenrelais (Reed-Relais)

Zungenrelais (Reed-Relais) unterscheiden sich von den bereits beschriebenen Zungenschaltern dadurch, dass ihre Kontakte nicht mittels eines Dauermagneten, sondern mittels eines Elektromagneten betätigt werden. Sie eignen sich daher für Anwendungen, bei denen ein fernbedientes oder elektrisch gesteuertes Schalten erforderlich ist oder bei denen ein elektrischer Vorgang das Schalten oder Umschalten steuert.

Zungenrelais
(Reed-Relais)

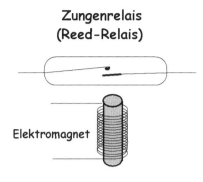

Elektromagnet

Die Funktionsweise eines Zungenrelais ist einfach: Wird der eingezeichnete kleine Elektromagnet aktiviert (wird an seine Magnetspule die erforderliche elektrische Spannung angeschlossen), zieht er durch seine magnetische Kraft den Kontakt des Zungenschalters an. Der Zungenschalter bleibt so lange eingeschaltet, bis die Spannungszufuhr zu der Magnetspule wieder unterbrochen (abgeschaltet) wird. Im Gegensatz zu den einfachen Zungenschaltern muss der Elektromagnet hier nicht wie der Dauermagnet bewegt werden, sondern ist im Zungenrelais fest eingebaut.

Ausführungsbeispiel eines Zungenrelais
Abmessungen (L x B x H): 19 x 5,1 x 7,4 mm

(Anbieter: Conrad Electronic)

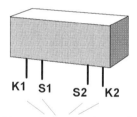

K1   S1   S2   K2

Anschlüsse für gedruckte Schaltung

Die Abb. zeigt ein handelsübliches Zungenrelais (Reed-Relais), das für eine Printmontage (gedruckte Schaltung) ausgelegt ist. Seine Schaltleistung beträgt 10 W, die Schaltspannung max. 200 V= und der Schaltstrom max. 0,5 A. Die Spule benötigt (typenbezogen) eine Betriebsspannung von 5, 12 oder 24 Volt.

Schaltplan eines Zungenrelais

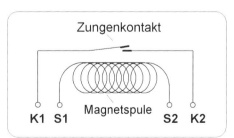

Zungenkontakt

Magnetspule

K1 S1   S2   K2

Der Schaltplan des vorhergehenden Zungenrelais ist leicht verständlich und die eingezeichneten Anschlüsse entsprechen der Anordnung am Relais.

Die Abb. zeigt ein kleines Zungenrelais, das die Form eines IC hat, in einem Dual-in-line-Kunststoffgehäuse eingeschmolzen ist und in eine gängige I-Fassung (2 × 7 Pin) passt. Die Spulenbetriebsspannung beträgt wahlweise 5, 12 oder 24 V, die Kontaktbelastbarkeit max. 0,5 A (Anbieter: Conrad Electronic).

Wichtig: In einigen Zungenrelais ist eine Schutzdiode integriert, die parallel zu der Relaisspule angeschlossen ist. Hier muss die Relaisspule *polaritätsgerecht* angeschlossen werden. Ansonsten kommt es zu einem Kurzschluss, wenn die Spule – und so-

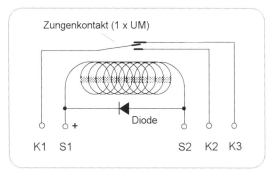

mit auch die Diode – falsch gepolt angeschlossen wird. Dabei wird meist sowohl die Diode als auch eventuell noch das Bauteil vernichtet, das diesen Kurzschluss auslöst (das kann z. B. ein feiner Taster, ein Transistor oder eine integrierte Schaltung sein – je nachdem, wie die Schaltung ausgelegt ist). Der Spulenanschluss (in der nebenstehenden Abbildung als „S1" bezeichnet) ist üblicherweise mit einem Pluszeichen versehen – worauf beim Experimentieren mit einem neu angeschafften Zungenrelais geachtet werden sollte.

3.10 Elektromagnetische Relais

Elektromagnetische Relais unterscheiden sich von Zungenrelais dadurch, dass ihre Kontakte nicht magnetisch, sondern elektromechanisch betätigt werden. Ein Elektromagnet zieht hier eine magnetisch leitende Wippe (Anker) an, deren anderes Ende einen federnden Metallkontakt (links) gegen einen zweiten Kontakt (rechts) drückt. Die Funktionsweise ist hier leicht nachvollzieh-

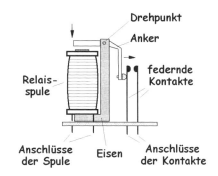

Elektromagnetisches Relais

bar. Die einfachsten Relais verfügen nur über einen einzigen Einschalt-
oder Umschaltkontakt. Viele Relais sind jedoch mit zwei oder auch mehreren Kontakten ausgelegt.

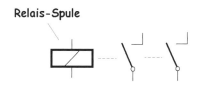

Relais-Spule

Relais-Kontakte „2 x EIN"

Schaltzeichen eines elektromagnetischen Relais mit zwei Schließern (2 ×
EIN)

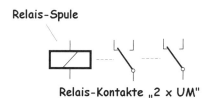

Relais-Spule

Relais-Kontakte „2 x UM"

Schaltzeichen eines elektromagnetischen Relais mit zwei Umschaltkon-
takten (2 × UM)

Die Abb. zeigt ein 16-Ampere/400-Volt-
Hochleistungs-Relais, dessen Magnetspule
(als monostabil neutral) wahlweise für
Gleichspannungen von 6, 12, 24 und 48 Volt
oder für die Netzwechselspannung 230 V~
ausgelegt ist. Abmessungen: (L × B × H)
29 × 32 × 25,5 mm (Foto/Anbieter: Conrad
Electronic).

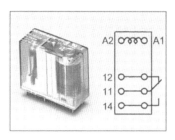

Die Abb. zeigt ein kleines elektromagnetisches „monostabil neutrales" Miniatur-Relais, das als *einpolig UM* für einen max.
Dauerschaltstrom von 2 A, eine Schaltspannung von max. 28 Volt Gleichspannung
(DC) oder 120 Volt Wechselspannung (AC)
ausgelegt ist. Seine Magnetspule ist wahlweise für eine Betriebsgleichspannung von
6, 12 oder 24 Volt konzipiert, und seine Abmessungen betragen bescheidene 10 × 15 × 11,5 mm (Foto/Anbieter: Conrad Electronic).

In der Praxis werden elektromagnetische Relais oft dazu verwendet, um eine Lampe, einen Elektromotor oder ein anderes Elektrogerät nur durch kurzes Antippen einer Taste (grüne Taste) einzuschalten und danach durch das Antippen einer anderen Taste (rote Taste) wieder auszuschalten. Das Relais muss in dem Fall als selbsthaltend geschaltet werden – wie abgebildet. Der ganze „Trick" bei einer solchen Lösung besteht darin, dass der „aktivierte" Relaiskontakt nicht nur die eingezeichnete Lampe, sondern auch die Spannung zu

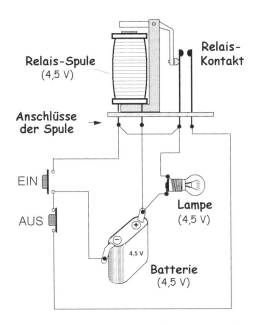

der Relaisspule einschaltet (wozu ihm ein kurzer Spannungsimpuls von der EIN-Taste genügt. Da jedoch (in diesem Fall) die Minusspannung der Batterie über die AUS-Taste zu dem Relais und der Lampe führt, schaltet das Relais ab, sobald die AUS-Taste betätigt und dadurch die Stromzufuhr unterbrochen wird.

Ist es erforderlich, dass auf die vorhergehende Weise z. B. unabhängig von der Relaisspule ein Audiosignal oder eine andere Spannung geschaltet werden soll, ist zu diesem Zweck ein Relais mit zwei Kontakten (2 × EIN) erforderlich. An dem eigentlichen Prinzip der selbsthaltenden Funktion ändert sich dabei nichts.

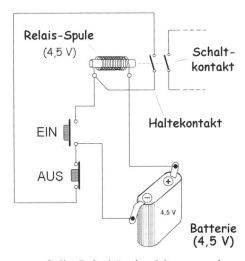

Die hier beschriebenen elektromagnetischen Relais werden offiziell als *monostabil neutral* bezeichnet. Bei dieser Relaistype muss auf die Polarität der Magnetspulen-Spannung *nicht* geachtet werden. Einige der handelsüblichen Miniatur-Relais sind jedoch *monostabil gepolt* ausgelegt. Bei diesen Relais ist der Elektromagnet leicht vormagnetisiert und die Relaisspule zieht nur dann an, wenn sie polaritätsgerecht an die Versorgungsspannung angeschlossen wird.

Alternativ zu den *monostabilen Relais* gibt es auch *bistabile Relais,* die jeweils in der zuletzt aktivierten Schaltposition (AUS oder EIN) auch nach Abschalten der Spulenspannung bleiben (man könnte sagen „kleben bleiben"). Die Umschaltung erfolgt meist durch Umpolung der Spulenspannung (wobei jeweils ein kurzer Spannungsimpuls für das Auslösen des Schaltvorganges genügt).

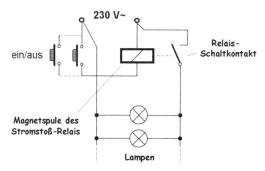

Stromstoß-Relais verhalten sich im Prinzip „bistabil", unterscheiden sich jedoch von den vorher beschriebenen bistabilen Relais dadurch, dass sie mit dem „Kugelschreiberprinzip" arbeiten: Sie benötigen daher nur eine einzige Bedienungstaste, bei der jedes erneute Antippen den Schaltzustand von ein in aus – oder umgekehrt – ändert. Diese Relais beziehen keinen Dauerstrom, geben sich mit einem kurzen Stromstoß zufrieden und werden mit Vorliebe anstelle von herkömmlichen Lichtschaltern überall dort angewendet, wo die Raumbeleuchtung von mehreren Stellen aus geschaltet werden soll.

Stromstoß-Relais sind als handelsübliche Elektroinstallations-Bausteine erhältlich. Sie sind wahlweise für Schaltspannungen von 12 V, 24 V oder 230 V ausgelegt.

Wichtig: bei der Anwendung (oder beim Kauf) von elektromagnetischen Relais – zu denen auch die Zungenrelais gehören – ist auf folgende wichtige Eigenschaften zu achten:

- Die Spannung der Relaisspule sollte auf das Vorhaben abgestimmt sein.
- Von dem ohmschen Widerstand der Relais-Spule hängt der Strom ab, den die Spule bezieht – und somit der Verbrauch des aktivierten Relais.
- Neben der erforderlichen Anzahl und Art der Relaiskontakte ist sowohl der max. zulässige Schaltstrom (als Dauerstrom) als auch die max. zulässige Schaltspannung und Schaltleistung zu beachten.

Praktisches Anwendungsbeispiel eines Stromstoß-Relais im Licht-Hausnetz:

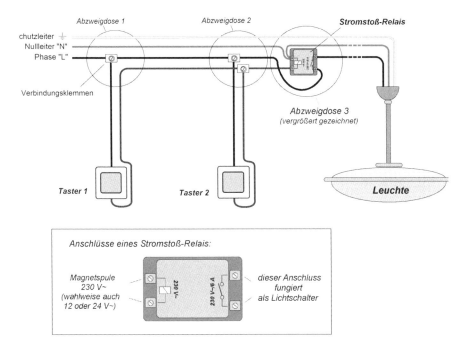

- Bei elektromagnetischen Relais, die als *monostabil neutral* bezeichnet werden, braucht auf die Anschlusspolarität nicht geachtet zu werden, wohl aber bei Relais, die als *monostabil gepolt* angeboten werden. Die Magnetspulen von monostabil gepolten Relais benötigen einen niedrigeren Betriebsstrom als die von monostabil neutralen Relais.

3.11 Lautsprecher

Es gab einmal … elektromagnetische Lautsprecher, die auf diesem Konstruktionsprinzip basierten. Interessant an dieser Lösung ist die Art der Anwendung des Elektromagneten. Als die ihm angelieferte „elektrische Energie" fungiert hier das angemessen verstärkte Tonsignal (in Form von Musik oder Sprache):

Der Nachteil dieser Lösung besteht darin, dass die Massenträgheit des Systems zu große Klangverzerrungen zur Folge hat. Dennoch wurde (und wird immer noch) bei vielen elektroakustischen Wandlern von dem Prinzip Gebrauch gemacht.

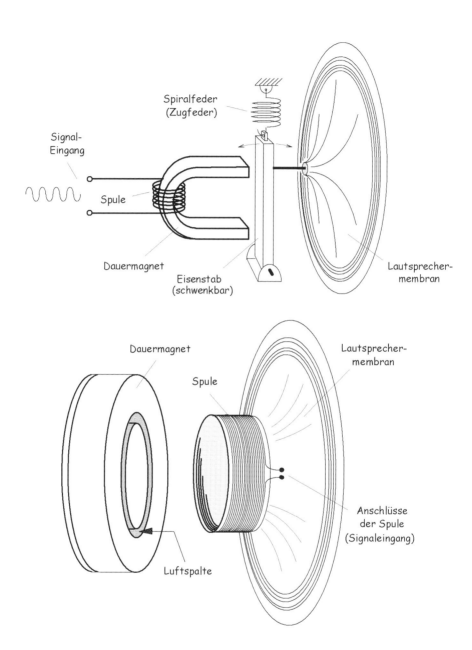

Bei modernen Lautsprechern (untere Abbildung) ist die eigentliche Magnetspule fest mit der Lautsprechermembran verbunden und schwingt in der Luftspalte eines runden Magneten, der axial (achsengerecht) polarisiert ist. Die Magnetspule erhält ihr Tonsignal über dünne, flexible Litzen, die so angeordnet sind, dass sie sich auf die schwenkende Lautsprechermembran nicht als mechanische „Bremse" auswirken.

Der ringförmige Dauermagnet des Lautsprechers ist – wie aus dem Schnitt hervorgeht – axial polarisiert, wodurch der mittlere runde Eisenkern zu einer Verlängerung des Magneten-Südpols wird, der die Magnetspule der Membran im Takt der Tonfrequenzen anzieht oder abstößt (je nachdem, in welcher Richtung in dem Moment die Magnetspule von den ihr zugeleiteten Tonfrequenzen polarisiert wird).

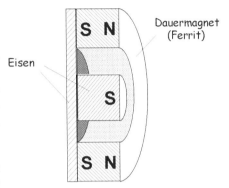

Der Lautsprechermagnet im Schnitt:

Dauermagnet (Ferrit)

Eisen

In gewisser Weise funktioniert ein solcher dynamischer Lautsprecher ähnlich wie ein Hubmagnet – allerdings mit dem Unterschied, dass hier nicht die Magnetspule, sondern der Magnetkern fest und die Spule samt der Lautsprechermembran beweglich (= vibrierend) montiert ist.

Die gleiche Bauweise wird auch bei dynamischen Kopfhörern und Mikrofonen angewendet. Bei ihnen ist jedoch die Membran nur sehr klein, und auch das restliche elektromagnetische System ordnet sich dem Anspruch auf kleine Abmessungen unter. Zudem fungiert bei den Mikrofonen die Magnetspule nicht als „Treiber" der Membran, sondern als „elektrischer Minigenerator", der akustische Signale in elektrische Spannung umwandelt (ähnlich wie es z. B. der Gitarren-Tonabnehmer macht, auf den wir noch im folgenden Kapitel zurückkommen). Prinzipiell kann jeder Lautsprecher dieser Art auch als Mikrofon betrieben werden – was bei diversen einfachen Gegensprechanlagen so gehandhabt wird. In dem Fall funktioniert jedoch der Lautsprecher nicht mehr als „Umwandler" von elektrischen Signalen (Tonfrequenzen) in akustische Schwingungen, sondern im Prinzip als ein kleiner elektrischer Generator.

4 Stromgeneratoren

Die meisten Stromgeneratoren erzeugen den elektrischen Strom auf eine ähnliche Weise wie der Fahrraddynamo. Sie sehen aus wie riesige Elektromotoren und bestehen aus einem *Stator* (dem unbeweglichen Körperteil) und einem *Rotor* (dem drehenden Körperteil).

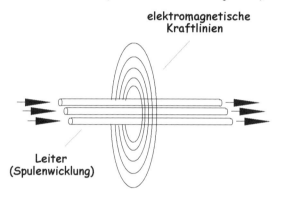

elektromagnetische Kraftlinien

Leiter (Spulenwicklung)

Das eigentliche Prinzip der Stromerzeugung macht sich die Energie der elektromagnetischen Felder zunutze. Wie wir bereits wissen: Wenn durch einen Leiter (Draht) elektrischer Strom fließt, entsteht rings um ihn ein kreisförmiges *elektromagnetisches Feld*, dessen „Kraftlinien" entlang des ganzen Leiters verlaufen. Das gleiche gilt auch für mehrere Leiter, die nebeneinander angeordnet sind – also auch für die Wicklung einer Spule.

Das Ganze funktioniert aber auch umgekehrt: Wird z. B. ein Dauermagnet in der Nähe eines Leiters gedreht, entsteht in dem Leiter elektrische Spannung (Wechselspannung). In diesem Fall handelt es sich aber um eine winzige Spannung. Wenn jedoch eine Spule z. B. an einem c-förmigen Eisenkern – wie rechts abgebildet – angebracht und zwischen den Enden dieses Eisenkerns ein Dauermagnet gedreht wird, entsteht in der Spule elektrische Spannung, die sinusförmig verläuft. Am höchsten ist diese Spannung jeweils in dem Moment, in dem der Magnet in senkrechter Position ist und seine Kraftlinien durch den c-förmigen Eisenkern der Spule am stärksten fließen. In dem Augenblick, in dem der Magnet jeweils die waagrechte Position passiert, kommt es zu einem Wechsel der Spannungsrichtung (von positiver Halbwelle zu negativer Halbwelle oder umgekehrt). Die Sinusspannung sinkt bei Durchqueren der Nullachse auf Null und steigt oder sinkt danach in Abhängigkeit davon, ob sich der Nordpol des Magneten (bildlich gesehen) gerade nach oben oder nach unten dreht.

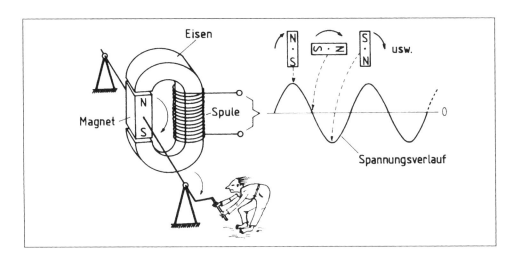

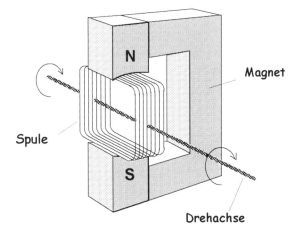

Alternativ kann bei einem solchen Generator der Magnet als *Stator* und die Spule als *Rotor* ausgelegt sein. Wir haben hier – der leichteren Übersicht wegen – die Spule nur vereinfacht dargestellt.

In der Praxis erhält die Spule (Rotorwicklung) einen massiven magnetisch leitenden Kern, wobei angestrebt wird, dass die Luftspalte zwischen dem Rotor und dem Stator möglichst minimal gehalten wird, um die Verluste des magnetischen „Kreislaufs" auf ein technisch machbares Minimum zu beschränken (die Luft ist ja ein schlechter magnetischer Leiter).

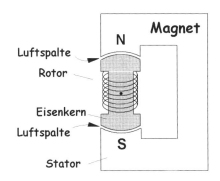

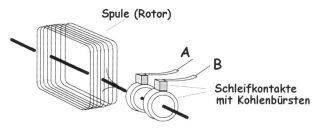

Spule (Rotor)

A B

Schleifkontakte mit Kohlenbürsten

Die erzeugte Spannung wird von der drehenden Spule über Schleifkontakte bezogen und über die Leitungen *A* und *B* weitergeleitet.

Auch hier hat die Spannung einen sinusförmigen Verlauf – was durch die Anordnung und die Form der Pole des Generators erzielt wird. Eine solche sinusförmige Spannung (Sinusspannung) besteht aus positiven und negativen Halbwellen. Für die Einspeisung der Wechselspannung in das öffentliche elektrische Netz ist es erforderlich, dass der Spannungsverlauf optimal sinusförmig ist und die Frequenz exakt 50 Hertz (50 Hz) beträgt. Das sind 50 positive und 50 negative Halbwellen pro Sekunde.

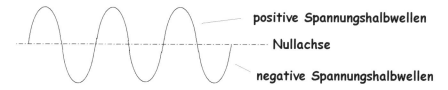

positive Spannungshalbwellen

Nullachse

negative Spannungshalbwellen

Größere elektrische Generatoren sind üblicherweise mit mehreren Wicklungen *(Polen)* ausgelegt und erzeugen in den meisten Fällen Drei-Phasen-Spannungen, deren Sinusoiden gegenseitig jeweils um 120° verschoben sind. Wie aus unserer vereinfachten bildlichen Darstellung hervorgeht, sind

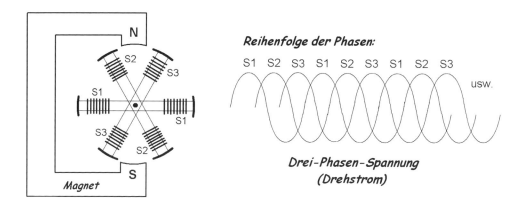

N

S2

S3

S1

S1

S3

S2

S

Magnet

Reihenfolge der Phasen:

S1 S2 S3 S1 S2 S3 S1 S2 S3

usw.

Drei-Phasen-Spannung (Drehstrom)

die einzelnen Spulensektionen (S1, S2, S3) am Rotor des Generators entsprechend angeordnet (3 × 120° ergeben einen geschlossenen Kreis von 360°).

In Wirklichkeit sind jedoch größere elektrische Generatoren mit einer „Unmenge" an Wicklungen ausgelegt, die sowohl am Rotor als auch am Stator angebracht sind. Bei größeren Generatoren werden anstelle von Dauermagneten üblicherweise nur Elektromagnete verwendet. Daher benötigen sowohl der Rotor als auch der Stator ziemlich aufwendige Wicklungen. Dabei liegt es nur im Ermessen der Konstrukteure, ob der Stator oder der Rotor als der eigentliche Elektromagnet konzipiert wird.

Ausführungsbeispiel der Statorwicklungen eines kleineren 5-kW-Generators, deren einzelne Anschlüsse noch nicht miteinander verbunden sind:

Die Verbindungen einzelner Wicklungen werden nach einem vorgegebenen Schema in Handarbeit gefertigt:

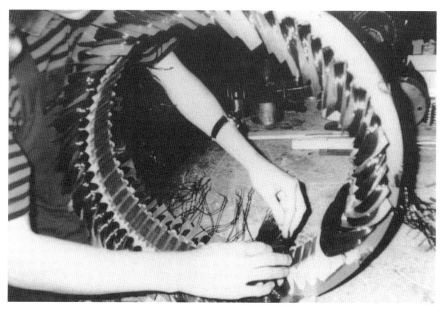

Montage eines kleineren elektrischen Windgenerators:

Für den Transport im Kofferraum eines Pkw ist dieser 100-kW-Generator deutlich zu groß geraten. Solche Generatoren lassen sich prinzipiell mit Dampf, Wasserkraft, Wind- oder Nuklearenergie betreiben, müssen allerdings für das jeweilige Vorhaben entsprechend an die Art des Antriebs angepasst werden: Für einen Antrieb mit der Windenergie benötigen sie z. B. Windräder und zusätzliche Getriebe, für diverse „herkömmliche" Antriebe werden sie noch mit Turbinen kombiniert usw.

Bei Windgeneratoren werden die eigentlichen elektrischen Generatoren direkt in den oberen „Gondeln" angebracht und über ein Getriebe mit dem Windrad verbunden. Moderne Windgeneratoren werden oft für Leistungen von mehreren Megawatt gebaut. Die Abhängigkeit von der Windstärke stellt jedoch eine größere Schwachstelle dieser Energiequellen dar, als allgemein bekannt ist. Dies gilt vor allem für Windgeneratoren, die in der Bundesrepublik im Landesinneren stehen, wo die durchschnittliche Wind-

geschwindigkeit sogar an den „besseren" Standorten oft nur zwischen etwa 3–4 m/s liegt. Bei dieser Windgeschwindigkeit dreht sich zwar das Windrad des Windgenerators eindrucksvoll, aber die tatsächliche energetische Leistung ist jämmerlich: Ein 1-MW-(1.000-kW)-Windgenerator liefert (laut Hersteller-Leistungskennlinie) unter Umständen bei einer Windgeschwindigkeit von 3 m/s nur eine Leistung von 2,9 kW, und bei einer Windgeschwindigkeit von 4 m/s nur eine Leistung von ca. 23,5 kW.

Die Leistung von 2,9 kW (2.900 Watt) reicht nur mit Müh und Not für den Betrieb einer einzigen Waschmaschine aus. Dabei handelt es sich um einen „Riesen" mit einem Windrad-Rotordurchmesser von stolzen 54 m. Ein solcher Windgenerator kann theoretisch nur dann sein Bestes geben, wenn der Wind „sehr stark bis stürmisch" weht. Dazu kommt es jedoch im Inland sehr oft nur in Zusammenhang mit aufkommenden Stürmen, während denen sich die Windgeneratoren wiederum abschalten müssen, um nicht vernichtet zu werden. Derartige Probleme gibt es nicht bei Generatoren, deren Energiezufuhr (Wasserkraft, Dampf u. Ä.) geregelt dosiert werden kann. Kleine Windgeneratoren eignen sich dennoch gut als „alternative" Energiequellen an Standorten, die über keinen Stromanschluss verfügen (unter Umständen auch in Kombination mit Solargeneratoren und Dieselaggregaten).

4.1 Strom aus dem öffentlichen Netz

Die Hausnetzanschlüsse sind gegenwärtig in unserem Lande als *Drehstromanschlüsse (Drei-Phasen-Anschlüsse)* ausgelegt. Für Steckdosen und Lichtleitungen wird jeweils nur eine der Phasen (in Kombination mit dem Nullleiter) verwendet. An den Drehstrom wird meistens nur der Küchenherd angeschlossen (und evtl. auch eine Drehstromsteckdose in der Garage oder in der Hobbywerkstatt).

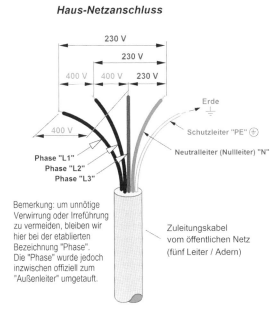

Haus-Netzanschluss

Bemerkung: um unnötige Verwirrung oder Irreführung zu vermeiden, bleiben wir hier bei der etablierten Bezeichnung "Phase". Die "Phase" wurde jedoch inzwischen offiziell zum "Außenleiter" umgetauft.

Die einzelnen Phasen des Drehstroms muss jedoch der Elektroinstallateur vorschriftsmäßig so im Haus verteilen, dass die vom öffentlichen Netz bezogene elektrische Energie möglichst ausgewogen alle drei Phasen in Anspruch nimmt. Das gelingt pro Haushalt nie optimal, aber der Energielieferant strebt auf diese Weise an, dass seine drei Phasen möglichst gleichmäßig ausgelastet werden – was letztendlich durch die Summe der Haushalte zufriedenstellend gelingt – allerdings um den Preis, dass z. B. die Spannung zwischen der Phase in der Steckdose und der Phase der Lichtleitung „stolze" 400 V~ beträgt (diese unterschiedlichen Phasen befinden sich oft auch nebeneinander in den Abzweigdosen, die in den Wänden der Wohnräume untergebracht sind).

5 Energie erzeugende Minigeneratoren

Mit der Bezeichnung „Energie erzeugende Minigeneratoren" wird darauf hingewiesen, dass die elektrische Energie auch noch im Kleinformat erzeugt werden kann und der Nutzen solcher Spannungsquellen auf einer anderen Ebene liegt als bei den „normalen" elektrischen Generatoren. Dennoch handelt es sich hier um die Anwendung der gleichen Prinzipien, wobei die hier aufgeführten Beispiele den Fachinformationen eine leicht verständliche Gestalt verleihen.

5.1 Elektromagnetischer Gitarrentonabnehmer

Ein elektromagnetischer Gitarrentonabnehmer funktioniert im Prinzip als ein kleiner elektrischer Generator. Die Veränderung der Intensität des magnetischen Flusses wird hier jedoch nicht durch Drehen, sondern durch das Schwingen (Vibrieren) der magnetisch leitenden Gitarrensaite(n) erzielt. Auf diese Weise wird in der Spule des Tonabnehmers eine Spannung von ca. 30–50 Millivolt (mV) erzeugt, deren Frequenz der Tonfrequenz entspricht, in der die Gitarrensaite schwingt. Es können dabei verschiedene Tonabnehmerkonstruktionen angewendet werden.

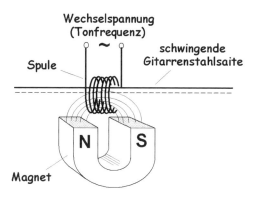

Wird beispielsweise auf die magnetisch leitende Gitarrensaite eine Spule aufgesetzt, entsteht in dieser Spule eine Spannung, sobald die Saite im Magnetfeld eines Magneten schwingt (im Hohlraum der Spule muss selbstverständlich ausreichend Platz für die schwingende Saite sein). Während des Schwingens ändert sich der Abstand zwischen der Saite und dem Magneten. Damit ändert sich auch ständig die Stärke des magnetischen Flusses in der Saite, die als ein magnetisch leitender Spulenkern anzusehen ist. Die Schwingungen der Gitarrensaite sind physikalisch bedingt identisch mit der Tonfrequenz der Saite. Somit ist auch die Spulenausgangsspannung identisch mit diesen Schwingungen, und ihre Frequenz entspricht der jeweiligen Tonfrequenz der schwingenden Saite.

Alternativ zu der vorhergehenden Lösung kann die Tonabnehmerspule direkt an dem Magnet aufgesetzt werden. Das Ergebnis ist in Hinsicht auf die Spulen-Ausgangsspannung identisch mit dem vom vorhergehenden Beispiel. Diese Lösung hat jedoch den Vorteil, dass der Tonabnehmer nur unterhalb der Gitarrensaite montiert werden kann und somit weniger im Weg steht, als bei der vorangegangenen Lösung.

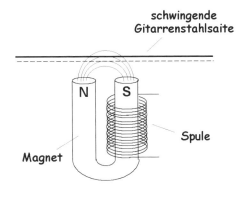

Handelsübliche Gitarrentonabnehmer werden gezielt so konstruiert, dass sie möglichst klein und flach sind. Der U-förmige Dauermagnet aus vorhergehenden Beispielen wird daher durch einen kleineren Magneten ersetzt, der mit einem zusätzlichen Weicheisen-Polaufsatz versehen wird.

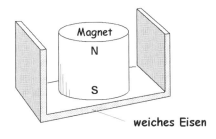

Die schematisch dargestellte Anordnung zeigt, wie sich die magnetischen Kraftlinien über die magnetisch leitende Gitarrensaite links und rechts vom Magneten verteilen.

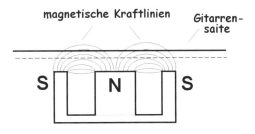

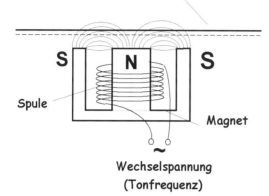

schwingende Gitarrenstahlseite

S   N   S

Spule

Magnet

~
Wechselspannung
(Tonfrequenz)

Wird auf den Magnet eine Spule aufgesetzt, entsteht in ihr eine Wechselspannung, deren Verlauf eine exakte elektrische „Kopie" des jeweiligen Klangspektrums darstellt. Die Ausgangsspannung des Tonabnehmers wird in einem Audioverstärker (Gitarrenverstärker) verstärkt und über den Lautsprecher als Klang wiedergegeben.

Gitarrentonabnehmer (Einzelelement)

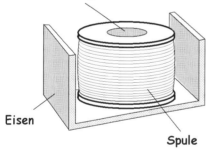

Dauermagnet

Eisen

Spule

Ausführungsbeispiel eines Tonabnehmerelements

Gitarrentonabnehmer in Ansicht von oben

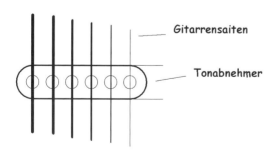

Gitarrensaiten

Tonabnehmer

Der Tonabnehmer einer E-Gitarre (mit 6 Saiten) besteht aus 6 Elementen, der Tonabnehmer einer Bassgitarre (mit 4 Saiten) aus 4 Elementen, die oft als unabhängige Tonabnehmer in einem gemeinsamen Gehäuse untergebracht sind:

Ausführungsbeispiel einer E-Gitarre mit drei elektromagnetischen Tonabnehmern: Die Gitarrensaiten in der Nähe des Griffbrettes erzeugen im (oberen) Tonabnehmer eine ziemlich reine sinusförmige Spannung, wodurch der wiedergegebene Gitarrenklang warm ertönt. In der Nähe des Stegs beinhaltet die am untersten Tonabnehmer abgenommene Spannung zusätzliche höhere harmonische Frequenzen, wodurch der Klang metallisch ertönt. Der mittlere Tonabnehmer liefert einen Klang, dessen Klangfarbe zwischen den beiden Varianten liegt. Jeder Tonabnehmer verfügt über einen eigenen Potenziometer, mit dem das Lautstärke-Verhältnis der einzelnen Tonabnehmer und somit die Klangfarbe einstellbar sind.

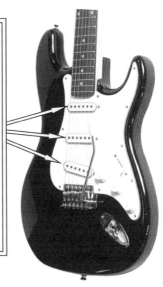

5.2 Elektromagnetisches Mikrofon

Eine Tonübertragung mithilfe von zwei Konservendosen und einer dazwischen gespannten Schnur gehörte einst zu den beliebten Selbstbau-Kinderspielzeugen. Die Zeiten ändern sich zwar, aber das Prinzip eines solchen „Telefons" Marke Eigenbau bleibt interessant: Wird in eine solche Dose hineingesprochen, vibriert ihr Boden mit den Schwingungen der Stimme, eine gespannte Schnur überträgt diese Vibrationen zum Boden der Empfängerdose, die der Gesprächspartner gegen sein Ohr drückt und als Hörer verwendet.

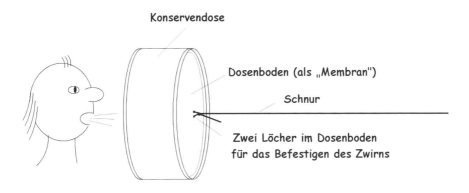

Konservendose

Dosenboden (als „Membran")

Schnur

Zwei Löcher im Dosenboden
für das Befestigen des Zwirns

Wird gegen den magnetisch leitenden Boden einer solchen Dose ein „Tonabnehmer" gehalten, kann er die aufgenommenen Klänge auf die gleiche Weise übertragen wie ein Gitarrentonabnehmer.

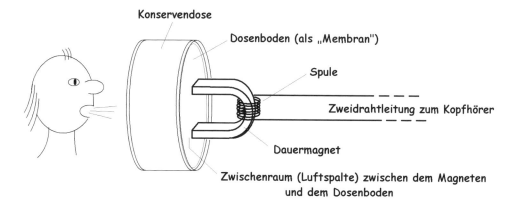

Konservendose

Dosenboden (als „Membran")

Spule

Zweidrahtleitung zum Kopfhörer

Dauermagnet

Zwischenraum (Luftspalte) zwischen dem Magneten und dem Dosenboden

5.3 Elektrodynamisches Mikrofon

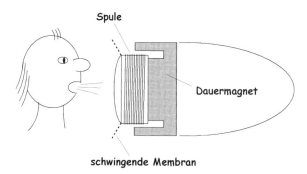

Spule

Dauermagnet

schwingende Membran

Das elektrodynamische Mikrofon ist zwar ähnlich konzipiert wie ein moderner Lautsprecher, aber seine Spule fungiert in diesem Fall als Spule eines elektrischen Generators: Sie wandelt akustische Schwingungen in elektrische um, die mittels eines Audioverstärkers verstärkt und danach über einen Lautsprecher wieder in akustische Schwingungen zurückgewandelt werden.

Die Frequenz und die Form der Mikrofonwechselspannung entspricht – bis auf geringe Verzerrungen – dem vom Mikrofon aufgenommenen Klang.

6 Solarstrom

Über Solarstrom wird in letzter Zeit viel gesprochen, aber nur wenige können sich darunter etwas Konkreteres vorstellen. Die eigentlichen *Solargeneratoren* (Solarzellen) haben sich in letzter Zeit zunehmend sowohl als Energiequellen bei diversen Kleingeräten (z. B. bei Taschenrechnern) als auch in der Form von größeren Hausanlagen durchgesetzt *(Foto: Siemens)*:

Handelsübliche Solarzellen – als Grundbausteine größerer Solarzellenmodule – teilen sich in zwei technologisch unterschiedliche Grundausführungen: in kristalline und amorphe (Dünnschicht-)Solarzellen.

Für die meisten langlebigen Anwendungen werden bevorzugt kristalline Siliziumsolarzellen verwendet. Amorphe Dünnschichtzellen weisen immer noch zu viele Nachteile auf: Abgesehen von dem relativ niedrigen Wirkungsgrad zeigen sich vor allem bei Anwendungen im Außenbereich stärkere Ermüdungserscheinungen als bei kristallinen „Dickschichtzellen". Sie sind aber kostengünstiger als die kristallinen Dickschichtzellen.

6.1 Photovoltaik und Solarzellen

Dem Anwender stehen Solarzellen sowohl als kleine gekapselte Solarzellen als auch in der Form von Solarmodulen zur Verfügung.

Kleine gekapselte Solarzellen oder Solarzellen-Minimodule eignen sich vor allem für einfachere Experimente. Sie sind für kleinere Spannungen und Leistungen ausgelegt *(Foto: Conrad Electronic)*.

Große Solarmodule werden vor allem für Photovoltaik-Dachanlagen verwendet. Sie sind in diversen Abmessungen und Leistungsstufen erhältlich *(Foto: Siemens)*.

Der Aufbau einer kristallinen Silizium-Solarzelle ist vom Prinzip her identisch mit dem Aufbau einer Siliziumdiode: Eine dünne *n-Schicht* (Negativschicht) und eine *p-Schicht* (Positivschicht) bilden – wie rechts abgebildet – zwei unterschiedlich dotierte Halbleiterteile, die bei Belichtung zu Potenzialfeldern werden.

Die *n-Schicht* verhält sich dann ähnlich wie der Minuspol, und die *p-Schicht* wie der Pluspol einer Batterie. Die Spannung und die Leistung der Zelle hängen von der Lichtintensität ab, der die obere Zellen-

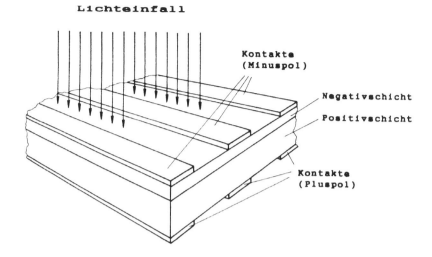

schicht ausgesetzt ist. Bei absoluter Dunkelheit weist die Solarzelle kein Potenzial auf und kann daher keine elektrische Energie liefern.

Theoretisch spielt es keine Rolle, welche der Zellenschichten als die obere „Sonnenseite" präferiert wird. Auf jeden Fall muss aber die obere Schicht sehr dünn sein (ca. 0,02 mm), denn der funktionell wichtige n/p-Übergang darf nicht zu tief unter der vom Licht bestrahlten Oberfläche liegen.

Die Sonnenseite der Zelle wird üblicherweise mit einer zusätzlichen Antireflexschicht versehen (z. B. mit Titandioxid), um Reflexionsverluste zu vermeiden. Für einen hohen Umwandlungswirkungsgrad der Solarzelle ist schließlich wichtig, dass möglichst viele Photonen (Sonnenstrahlen), mit denen die *n-Schicht* bombardiert wird, auch in den Halbleiter eindringen.

Es wurde bereits erwähnt, dass für eine langlebigere Nutzung nur kristalline Solarzellen anzuraten sind. Es gibt jedoch auch kurzlebigere Produkte, bei denen gegen den Einsatz der wesentlich preiswerteren amorphen Dünnschichtzellen nichts einzuwenden ist. Daher werden wir diese Zellentype nicht völlig außer Acht lassen.

Handelsübliche *kristalline Solarzellen* gibt es in zwei Ausführungsarten: als *monokristalline* Zellen und *polykristalline* (multikristalline) Zellen.

Bei der Herstellung von monokristallinen Zellen werden monokristalline Blöcke „gezogen" und mit etwa 0,5 mm dünnen Diamantsägen (oder Laserstrahlen) in dünne Scheiben zersägt. Das gleiche monokristalline Grundmaterial wird bereits traditionell in der Halbleitertechnik bei der Herstellung von Dioden, Transistoren und integrierten Schaltungen (Chips) verwendet.

Ausgangsmaterial ist hier Quarzsand. Auch natürliche Quarzkristalle finden Verwendung. In einem Ofen wird aus dem Grundmaterial durch Reduktion mit Kohle ein metallurgisch reines Silizium gewonnen. Dieses weist allerdings immer noch etwa 2 % Verunreinigungen auf, die noch durch ein weiteres aufwendiges Verarbeiten (Reduktion mit Salzsäure und Destillation) entfernt werden müssen. Erst danach hat man ein hochreines Silizium zur Verfügung, das aber „noch" polykristallin ist.

Dies bedeutet, dass hier sehr viele kleine ungeordnete Kristalle die eigentliche Substanz des Siliziummaterials verunreinigen. Wenn man daraus eine monokristalline Struktur gewinnen möchte, müssen diese polykristallinen „Barren" in einem Tiegel nochmals eingeschmolzen werden, und unter langsamem axialem Drehen wird aus dieser Schmelze ein monokristalliner „Balken" gezogen. Ein solcher Stab oder Balken besteht danach nur aus einem einzigen Kristall (daher die Bezeichnung *monokristallin*) und kann beispielsweise eine Länge von bis zu 2 m haben.

Bei der Herstellung der polykristallinen Zellen (die manche Hersteller als *multikristalline* bezeichnen) wird flüssiges Silizium nur in Stahlformen gegossen. Es bildet nach der Erstarrung die typische, bläulich marmorierte Eisblumenstruktur. So entstehen auch hier Siliziumblöcke, die ebenfalls in dünne Scheiben zersägt werden.

Amorphe Dünnschichtzellen werden hergestellt, indem auf eine Glas- oder Kunststoffplatte eine nur wenige Tausendstel Millimeter dünne Siliziumschicht aufgedampft wird.

In den letzten Jahren wurden die eigentlichen Herstellungsverfahren bei den kristallinen Zellen weitgehend modernisiert und zum Teil vereinfacht. Die Vereinfachungen basieren u. a. auf der Tatsache, dass hier die ursprüngliche hochreine Siliziumstruktur einen bei weitem nicht so hohen Stellenwert hat wie beim Silizium für die Halbleiterindustrie.

Man kann sich gut vorstellen, dass bei der Siliziumscheibe eines Mikroprozessors auch eine einzige mikroskopisch kleine Verunreinigung eine Bahn- oder Bausteinunterbrechung und somit einen Totalausfall des Produkts zur Folge haben kann. Bei einer Solarzelle spielt dagegen in Hinsicht auf die Flächengröße eine geringfügigere Verunreinigung keine derartig maßgebliche Rolle.

Aus diesen Überlegungen ergaben sich bei der Herstellung von monokristallinen Solarzellen diverse Vereinfachungen und Zugeständnisse. Bei den polykristallinen Solarzellen wurde dagegen die Herstellungstechnologie perfektioniert. Demzufolge sind die Unterschiede zwischen dem Wirkungsgrad der mono- und der polykristallinen Zellen etwas geringer.

So gibt es momentan hersteller- oder lieferantenbezogen so manche polykristallinen Solarzellen, die es vom Wirkungsgrad her mit den monokristallinen Zellen aufnehmen können. Das ist nicht immer nur eine Frage des Herstellungsverfahrens, sondern auch die einer kundenbezogenen Vorselektion.

Dennoch weisen auch vorselektierte Solarzellen gewisse parametrische Unterschiede auf. Bei etwas Glück halten sich die Parameter in Grenzen von 5 %, manche Hersteller geben sogar 10 % an. Oft hängt die Streuung der technischen Zellenparameter auch davon ab, ob der Hersteller die Möglichkeit hat, seine minderwertigen Zellen abseits des Standardangebots abzustoßen. So gibt es z. B. in der fernöstlichen Spielzeugindustrie oder unter den fernöstlichen Kleinmodulenherstellern Abnehmer, denen es nichts ausmacht, wenn die preiswert erstandenen Zellen etwas schwächere Leistungen aufweisen. Anspruchsvollere Kunden können dann die qualitativ hochwertigeren Zellen erhalten.

Wie bei jeder anderen elektrischen Energiequelle auch, interessieren uns bei den Solarzellen vor allem die Spannungs- und Stromwerte sowie die Bedingungen, unter denen wir die elektrische Energie abnehmen können oder dürfen.

Alle technischen Angaben basieren bei Solarzellen – wie auch bei Solarzellenmodulen – auf folgenden internationalen Standardtestbedingungen:

Sonneneinstrahlung E = 1.000 W/m^2 (oder auch 100 mW/cm^2)
Zellentemperatur Tc = 25 °C
Spektralverteilung AM = 1,5

Das sind Bedingungen, die in Deutschland überwiegend an sonnigen Sommertagen vorzufinden sind. Allerdings kann es sogar auch im Dezember oder im Januar um die Mittagszeit sonnige Tage geben, an denen die Sonneneinstrahlung nur geringfügig unterhalb der Testbedingungen liegt.

Die Herstellerangaben der Zellenparameter beziehen sich auf diese technischen *Maximumwerte*, die oft auch als *Nennwerte* bezeichnet werden. Manche Hersteller und Anbieter benutzen auch noch die Bezeichnung *Werte bei max. Leistung.* Alle diese Bezeichnungen haben dieselbe Bedeutung und basieren auf Messungen, die nur unter optimalen Bedingungen erreicht werden.

Die wichtigsten technischen Daten einer Solarzelle sind:

a) Nennspannung (Spannung bei max. Leistung)
b) Nennstrom (Strom bei max. Leistung)
c) Nennleistung (max. Leistung)
d) Leerlaufspannung
e) Kurzschlussstrom
f) Wirkungsgrad

Die Nennspannung liegt bei monokristallinen Zellen bei etwa 0,48 V und bei polykristallinen bei etwa 0,46 V. Sie ist im Prinzip unabhängig von der Zellengröße. Wenn Sie beispielsweise eine Zelle wie das Eis auf einer Pfütze zertreten, werden all ihre Bruchstücke weiterhin annähernd die gleiche Spannung liefern, die ursprünglich die ganze Zelle hatte.

Der Nennstrom einer Solarzelle hängt von ihrer Größe und ihrem Wirkungsgrad ab. Viele handelsübliche Solarzellen haben eine Solarfläche von

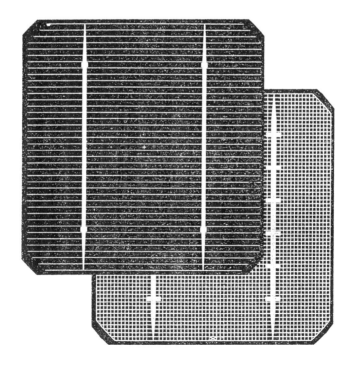

nur etwa 1 dm^2 (100 cm^2), sind nur etwa 0,4 mm dünn und ihr Nennstrom liegt bei etwa 2,9 A bis 3,29 A (typen-/markenabhängig). Die nebenstehende Abbildung (auf Seite 70) zeigt links die Vorderseite (Sonnenseite) und rechts die Rückseite (Schattenseite) einer kahlen Solarzelle.

Die Nennleistung wird bei allen Solarzellen als reine Multiplikation von *Nennspannung* und *Nennstrom* errechnet: Nennspannung [Volt] × Nennstrom [Ampere] = Nennleistung [Watt].

Unter dem Begriff *Leerlaufspannung* versteht sich die Spannung an einer unbelasteten Zelle.

Bei den meisten kristallinen Zellen ist die Leerlaufspannung typenabhängig etwa 23 % bis 26 % höher als die Nennspannung. In der Praxis wird man mit einer Art „Leerlaufspannung" konfrontiert, wenn z. B. eine fast leere unbelastete Batterie eine gewisse Spannung am Voltmeter anzeigt, die sich jedoch nur als eine „Scheinspannung" erweist, solange eine Belastung angeschlossen wird.

Eine ähnliche Verhaltensweise trifft bei einer Solarzelle unter Umständen auch zu. Wenn an sie ohne jegliche Belastung ein hochohmiges Voltmeter angeschlossen wird, zeigt es auch bei einer geringeren Beleuchtung eine ziemlich hohe Leerlaufspannung an. Hier ist die Leerlaufspannung als Indikator unbrauchbar. Die Leerlaufspannung weist jedoch auf die obere Spannungsgrenze der unbelasteten Solarzellen – und somit auch auf die der Solarmodule – hin.

Der *Kurzschlussstrom* ist bei den meisten kristallinen Zellen nur etwa 6 % bis 12 % höher als der Nennstrom. Ein vorübergehender Kurzschluss an einer Solarzelle – oder an einem Solarzellenmodul – führt demzufolge nicht zu ihrer Vernichtung oder Beschädigung – vorausgesetzt, wir geben ihr nicht die Zeit, sich zu sehr aufzuheizen. Da jedoch eine Solarzelle üblicherweise Temperaturgrenzen zwischen ca. –40 °C und +125 °C verkraftet, kann sie sogar zu einer Art Kochplatte werden, ohne dass es dadurch zu einer Beschädigung kommen würde.

Bei eingebetteten Zellen im Modul wird jedoch bei extremer Wärmeentwicklung die Vergussmasse in Mitleidenschaft gezogen, was zu Blasenbildung, Schleierbildung oder Verfärbung der Masse führen kann.

Der in den technischen Daten angegebene Kurzschlussstrom kommt natürlich nur bei einer Zelle vor, die laut Testbedingungen voll beleuchtet ist. Wenn dagegen die Sonneneinstrahlung beispielsweise nur etwa 900 W/m^2 statt 1.000 W/m^2 erreicht, liegt der Kurzschlussstrom bereits unterhalb des tabellarischen Zellennennstroms, und die Zelle wird sich in dem Fall bei einem Kurzschluss möglicherweise sogar weniger aufheizen als während eines Normalbetriebs bei voller Leistungsabgabe.

Fazit: Durch den relativ niedrigen Kurzschlussstrom kann eine Solarzelle (ein Solarzellenmodul) bei einem Kurzschluss nur dann beschädigt oder vernichtet werden, wenn sie (es) bei Vollbelastung längere Zeit einer vollen Sonneneinstrahlung von 1.000 W/m^2 ausgesetzt ist.

Der *Solarzellenwirkungsgrad* wird auch als *Umwandlungswirkungsgrad* bezeichnet, weil er angibt, wie viel Prozent der einwirkenden Strahlungsenergie (Sonnenstrahlungsenergie) in Form von elektrischem Strom abgegeben wird.

Die modernsten handelsüblichen Solarzellen weisen herstellerabhängig gegenwärtig (weltweit) folgenden Wirkungsgrad auf:

a) monokristalline Solarzellen: 13–17 %

b) polykristalline Solarzellen: 10,6–16 %

c) amorphe Silizium-Dünnschichtzellen: 3–10 %

Bemerkung: Die hier angegebenen Wirkungsgradbereiche der aufgeführten Zellentypen orientieren sich in unseren Publikationen an den jeweiligen Angeboten auf dem Weltmarkt sowie auch an den neuesten Datenblättern der fernöstlichen und amerikanischen Hersteller oder der westeuropäischen Anbieter.

Den Wirkungsgrad einer Solarzelle können Sie problemlos selbst ausrechnen, wenn Sie die in technischen Daten angegebene Nennleistung der Zelle auf ihre Fläche umrechnen und das Ergebnis mit den laut Testbedingungen aufgeführten 1.000 W/m^2 (= 10 W/dm^2 oder 0,1 W/cm^2) vergleichen.

Beispiel: Eine Solarzelle von 100 × 100 mm hat eine Fläche von 1 dm^2. Bei einem Wirkungsgrad von 14 % muss sie (unter Testbedingungen) 1,4 W/dm^2 liefern können.

Ist bei einer Solarzelle keine Nennleistung angegeben, kann sie durch einfaches Multiplizieren der Nennspannung (nicht der Leerlaufspannung!) mit dem Nennstrom ausgerechnet werden.

Beispiel: Die Nennspannung einer Solarzelle beträgt 0,46 V, der Nennstrom 3 A. Ihre Nennleistung ist 0,46 V × 3 A = 1,38 W. Wenn die Abmessungen dieser Zelle genau 100 × 100 mm betragen, ergibt es eine Zellenfläche von 1 dm^2 und der Wirkungsgrad wäre hier genau 13,8 %. Sollte beispielsweise diese Zelle bei der gleichen Leistung Abmessungen von 105 × 105 mm haben, ergibt sich daraus eine Zellenfläche von 1,07 dm^2 und der Wirkungsgrad liegt dann nur bei ca. 12,9 %.

Der Wirkungsgrad der mono- und polykristallinen Solarzellen bleibt während der ersten 20 Betriebsjahre praktisch unverändert. Mit dem Wirkungsgrad der amorphen Dünnschichtzellen geht es dagegen oft bereits nach einigen Jahren etwas bergab (vor allem, wenn sie im Außenbereich angewendet werden).

Bei einem kleinen Taschenrechner, der einen winzigen Stromverbrauch hat, kann ein solches Handicap durch die Verdoppelung der Solarzellenfläche aufgefangen werden. Zudem kann der Hersteller davon ausgehen, dass der Kunde hier einerseits nur wenige Betriebsjahre in Kauf nimmt und andererseits ohnehin nicht überblickt, inwieweit gerade die Solarzellen die Schuld daran haben, dass das Produkt nach einigen Jahren plötzlich nicht mehr funktioniert.

Inwieweit bei den kristallinen Solarzellen der Wirkungsgrad eine wichtige Rolle spielt, hängt vor allem vom Einsatzgebiet ab. Im Grunde genommen muss hier dem Wirkungsgrad nicht immer ein zu hoher Stellenwert zugewiesen werden.

Bei aufwendigeren Anwendungen wäre es natürlich von Vorteil, wenn aus einer Solarzelle pro Quadratdezimeter (100 cm^2) Fläche etwas mehr als die bisherigen 1,3–1,6 Watt an elektrischer Energie (bestenfalls) zu holen wären – was umgerechnet ca. 130–160 Watt pro m^2 Zellenfläche ergibt. Bei vielen Einsatzgebieten spielt dagegen die eigentliche Solarzellen-Flächengröße keine allzu große Rolle. Wichtiger ist hier eher das Preis-Leistungs-Verhältnis.

Der Solarzellen-Umwandlungswirkungsgrad ist allerdings keine Konstante, mit der sich bei Nutzung der Sonnenenergie fest rechnen ließe. Es kann ja nur dann umgewandelt werden, wenn die Sonne oder zumindest genügend Tageslicht vorhanden ist. Die Ausgangsspannung und die Ausgangsleistung einer Solarzelle – oder eines Solarmoduls – hängt dabei von der momentanen Zellenausleuchtung ab.

Solarzellen lassen sich mit Diamantsägen oder mit Laserstrahlen in beliebig kleine Stücke schneiden. Das ist für einen kleineren Leistungsbedarf sehr nützlich. Kleinere Solarmodule können – wie abgebildet – z. B. mit halben Zellen bestückt werden. Auf die Zellenspannung hat die Zellenteilung praktisch keinen Einfluss.

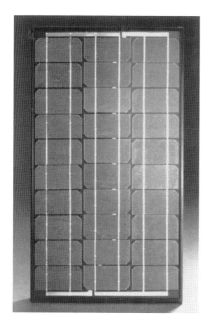

Zu den wichtigsten spezifischen Eigenheiten aller Solarzellen gehört ihr von der Natur abhängiges Verhalten, das sich von allen anderen herkömmlichen Stromquellen unterscheidet. Durch Einhalten aller Grundregeln können wir zwar der Solarzelle optimale Vorbedingungen verschaffen, aber der wichtigste Faktor – die Intensität der Sonneneinstrahlung – entzieht sich unserem Einfluss.

Bei der praktischen Anwendung von Solarzellen, wie auch beim Experimentieren mit Solarzellen, kann man diese zwar ähnlich nutzen (und verschalten) wie Batterien, aber die von ihnen gelieferte Spannung und Leistung entsprechen der jeweiligen Belichtung der Zelle. Die Zelle liefert elektrische Energie nur, solange sie ausgeleuchtet ist. Es spielt dabei keine Rolle, ob die Zelle von der Sonne oder von einer künstlichen Lichtquelle (Glühbirne) beleuchtet wird.

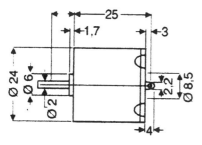

Einige spezielle Solarkleinmotoren geben sich mit einer Betriebsspannung zufrieden, die bei ca. 0,5 Volt liegt. So kann z. B. eine kleine Drehbühne oder ein kleines Solarspielzeug den Energiebedarf aus einer einzigen Solarzelle beziehen.

Für die meisten Anwendungen wird jedoch eine höhere Betriebsspannung benötigt, als eine einzige Solarzelle liefern kann. In diesem Fall werden einfach mehrere Solarzellen in Reihe geschaltet, wobei sich die Ausgangsspannung ähnlich addiert wie bei Batterien.

Die Nennleistung einer Solarzelle nimmt proportional mit der sinkenden Sonnenintensität ab. Bei einer belasteten Zelle hängt auch die Ausgangsspannung von der jeweiligen Bestrahlung der Zelle ab: wenig Licht = niedrige Spannung, niedrige Leistung; viel Licht = hohe Spannung, hohe Leistung.

Wird z. B. die Ausgangsspannung einer Solarzelle in Abhängigkeit von der Belichtung getestet, ist es erforderlich, dass sie dabei z. B. mit einem Widerstand belastet wird. Ansonsten zeigt sie ihre Leerlaufspannung an, die sich mit der jeweiligen Belichtung nur wenig ändert und keinen verwertbaren Wert darstellt.

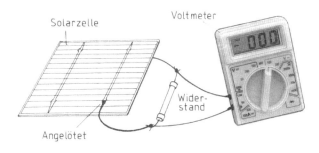

In der Fachliteratur wird immer darauf hingewiesen, dass die Belichtung einer im Freien installierten Solarzelle einerseits aus der direkten Sonnenbestrahlung und andererseits aus dem so genannten *diffusen Licht* besteht. Unter dem Begriff *diffuses Licht* versteht sich die Summe verschiedenster Lichtreflektionen und Sonnenlichtstreuung in der Atmosphäre. Dieser Teil der Sonnenenergie kommt aus allen Richtungen und hängt nur geringfügig von der jeweiligen Position der Sonne ab.

Dem diffusen Licht ist zwar rein theoretisch fast die Hälfte der durchschnittlichen Jahresausbeute der Solarzellen zu verdanken, aber ohne eine Beimischung von direkter Sonnenbestrahlung ist es in der Regel zu schwach, um eine praktisch brauchbare Solarzellenspannung zu bewirken.

Erklärungsbedürftig ist nun der Begriff „praktisch brauchbare Spannung", denn hier handelt es sich um einen anwendungsbezogenen Wert.

Wird z. B. ein Gleichstrommotor (Ventilator, Pumpe) direkt mit Solarstrom angetrieben, der in einem Spannungsbereich von 3–8 V arbeitet, kann er unter Umständen seine Aufgabe auch noch dann brauchbar erfüllen, wenn eine von vornherein großzügiger dimensionierte Solarspannung wetterbedingt z. B. von 8 Volt auf 4 Volt (= um ca. 50 %) sinkt.

Der Solarzellen-Nennstrom muss ebenfalls mit entsprechender Großzügigkeit dimensioniert werden, und die mechanische Belastung des Motors muss sich einer Leistungsminderung flexibler anpassen können. Der Venti-

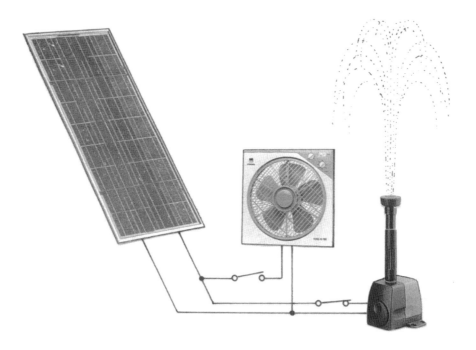

lator wird dann etwas langsamer drehen, der Pumpenmotor bei niedrigerer Solarspannung etwas weniger Wasser pro Minute pumpen, aber die Pumpe könnte dennoch laufen.

Ein direkter Solarantrieb – wie abgebildet – setzt voraus, dass sowohl die Nennspannung als auch der Nennstrom (somit auch die Nennleistung) auf den Bedarf des „Verbrauchers" möglichst optimal abgestimmt sind. Genau genommen darf der tabellarische Solarzellen-Nennstrom beliebig höher sein, als der Verbraucher benötigt, denn dieser bezieht automatisch nur den Strom, den er benötigt – und dieser sinkt ebenfalls automatisch mit evtl. sinkender Solarversorgungsspannung.

Wird ein Verbraucher über einen Zwischenspeicher (einen wieder aufladbaren Akku) solarelektrisch betrieben, fungieren die Solarzellen nur als Quellen der Ladeenergie (= als ein Ladegerät). Dies ist vor allem dort von großem Vorteil, wo kein Netzanschluss vorhanden ist. Es spielt dabei keine Rolle, ob auf diese Weise nur Akkus von Kleingeräten oder große Akkus für die Versorgung von z. B. Schrebergarten- oder Wochenendhäusern geladen werden. Die Kapazität der eingeplanten Akkus – und natürlich auch die Leistung der Solarmodule – muss allerdings auf den vorgesehenen Bedarf der Energieversorgung abgestimmt werden.

Beim solarelektrischen Laden von größeren Blei-akkumulatoren wird zwischen die Solarzellen und den Akku ein Solarladeregler geschaltet, der dafür zuständig ist, dass die Ladespannung die erlaubte Höchstgrenze (die bei 12-Volt-Bleiakkus ca. 13,6 Volt beträgt) nicht überschreitet. Der bereits an

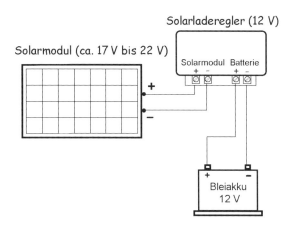

anderer Stelle angesprochene Tiefentladeschutz sollte bei Bleiakkus nicht fehlen. Die *Solarnennspannung* ist hier großzügiger zu wählen, um z. B. auch bei einem leicht bewölkten Himmel noch eine brauchbare Ladespannung (eine höhere Spannung, als der geladene Akku gerade hat) beziehen zu können.

Die Laderegelung kann bei Bleiakkus auch mit einem speziellen Lade-IC *BP 137 (Anbieter: Conrad Electronic)* erfolgen. Der Selbstbau eines solchen Ladereglers ist sehr einfach (wir haben hier die zwei Elkos bildlich dargestellt, um auch den weniger erfahrenen Lesern den Nachbau zu erleichtern). Dieser Laderegler-IC verkraftet jedoch nur einen Ladestrom von maximal 1,5 A (das angewendete Solarmodul darf daher bei Anwendung für einen Nennstrom von maximal 1,5 A ausgelegt sein).

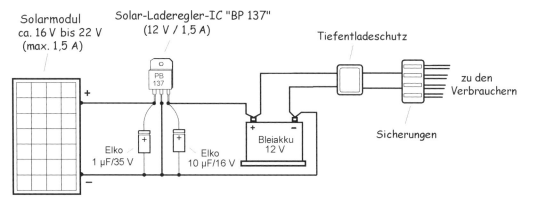

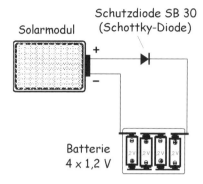

Schutzdiode SB 30
(Schottky-Diode)

Solarmodul

Batterie
4 × 1,2 V

Kleinere NiCd- oder NiMH-Akkus können auch ohne einen zusätzlichen Laderegler direkt von einem Solarmodul geladen werden, wenn seine offizielle Nennspannung unterhalb der zulässigen Ladespannung der angewendeten Akkus liegt (oder maximal etwa um 20 % höher als die Akkuspannung ist). Der Ladestrom (der Nennstrom des Solarmoduls) darf bei NiCd-Akkus 10 % der Akkukapazität, bei NiMH-Akkus 20 % der Akkukapazität nicht überschreiten.

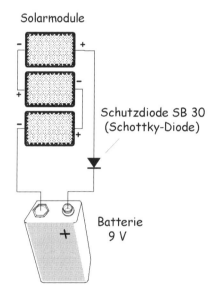

Solarmodule

Schutzdiode SB 30
(Schottky-Diode)

Batterie
9 V

Für das Laden von kleineren Akkus können auch z. B. mehrere kleine „gekapselte Solarmodule" in Reihe geschaltet werden, um eine ausreichend hohe Ladespannung (Akkuspannung × 1,2) liefern zu können. Ihre einzelnen Spannungen addieren sich bei einer Reihenschaltung ähnlich wie die Spannungen von Batterien. Bei einem 9-V-Akku dürfte die Ausgangsnennspannung der drei eingezeichneten Module höchstens 10,2 Volt (9 V × 1,2 = 10,2 V) betragen.

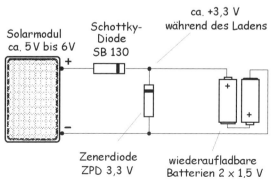

Solarmodul
ca. 5 V bis 6 V

Schottky-Diode
SB 130

ca. +3,3 V
während des Ladens

Zenerdiode
ZPD 3,3 V

wiederaufladbare
Batterien 2 × 1,5 V

Mit der Anpassung der Solarmodulennennspannung auf den exakten Ladebedarf klappt es nicht immer zufriedenstellend. Abhilfe schafft eine Selbstbau-Laderegelung mit einer Zenerdiode (Näheres über die Funktionsweise der Zenerdioden finden Sie in Kapitel 13).

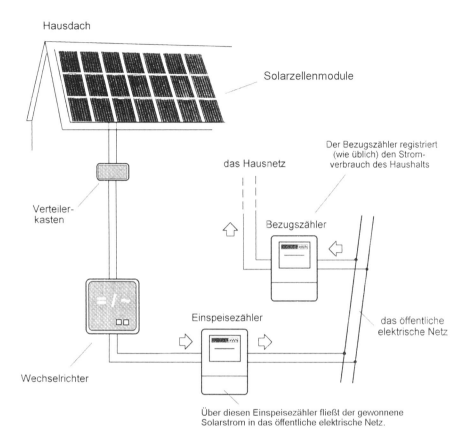

Hausdach

Solarzellenmodule

Der Bezugszähler registriert
(wie üblich) den Strom-
verbrauch des Haushalts

das Hausnetz

Bezugszähler

Verteiler-
kasten

Einspeisezähler

das öffentliche
elektrische Netz

Wechselrichter

Über diesen Einspeisezähler fließt der gewonnene
Solarstrom in das öffentliche elektrische Netz.

Bei netzgekoppelten Photovoltaik-Anlagen wird die gewonnene Solarenergie nicht zwischengespeichert, sondern über einen (hauseigenen) Wechselrichter in das öffentliche Netz eingespeist. Hier muss jedoch der Wechselrichter auf die Leistung und Spannung der ganzen Solarzellenfläche optimal abgestimmt werden.

6.2 Temperaturabhängigkeit der Solarzellen

Wie alle anderen Siliziumhalbleiter weisen auch die modernsten Siliziumsolarzellen eine gewisse Temperaturabhängigkeit auf, die sich auf die theoretischen Parameter (Nennspannung, Nennstrom und Nennleistung) auswirkt. Die sogenannte Testtemperatur von 25 °C bildet hier eine Art Kreuz-
punkt, an dem sich sozusagen alle Wege trennen.

Der Zellenstrom nimmt mit zunehmender Temperatur zu, die Spannung nimmt dagegen derartig prägnant ab, dass die Leistung ebenfalls mit zunehmender Temperatur abnimmt.

Diese Eigenschaft der Solarzellen hat zur Folge, dass die Solarzellenleistung bei 0 °C etwa 13 % höher, bei 50 °C wiederum ca. 13 % tiefer liegt als bei 25 °C. Alle technischen Daten, die in den Katalogen oder Datenblättern der Solarzellen und Solarmodule angegeben sind, beziehen sich jedoch auf die Testbedingungen bei einer Temperatur von 25 °C.

Der wenig bekannte „Pferdefuß" liegt dabei darin, dass voll belastete Solarzellen einer gängigen netzgekoppelten photovoltaischen Anlage ziemlich heiß werden, vor allem an warmen sonnigen Tagen, bei denen man sich von der Energieausbeute den größten Gewinn verspricht. Konkret kann hier die Solarleistung bei voll belasteten – und dabei auf ca. 73 °C aufgeheizten – Solarzellen bis um ca. ⅓ unterhalb der Werte sinken, die als offizielle Nennwerte in den technischen Daten aufgeführt sind. Diese Eigenheit der Solarzellen ist bei den Planungen zu berücksichtigen, denn sie hat vor allem für die Berechnung der Jahresausbeute von netzgekoppelten Anlagen einen hohen Stellenwert.

Abgesehen davon hängt die Solarzellenleistung nicht nur von der eigentlichen Intensität der Sonnenstrahlen, sondern auch von ihrem Einfallswinkel ab. Je senkrechter die Photonen die Zellenfläche bombardieren, desto geringer sind die Verluste durch Reflexionen und desto höher ist – auch geometrisch bedingt – die Strahlungsdichte.

Die eigentliche Solarzellenoberfläche wird zwar von den meisten Herstellern mit einer Antireflexionsschicht versehen, aber die im Modul einlaminierten Zellen sind noch mit einer Glas- oder Kunststoffscheibe abgedeckt, deren Reflexionseigenschaften für die Endleistung mitbestimmend sind.

Ein Dilemma besteht dabei darin, dass entspiegelte Materialien zwar geringfügiger reflektieren, aber optisch bedingt wiederum auch eine etwas niedrigere Lichtdurchlässigkeit aufweisen. Somit bleibt es immer nur bei einem Kompromiss, den die Solarzellen- und Solarmodulhersteller eingehen müssen.

Die Problematik der Reflexionsverluste hat für die Anwendung einen bei Weitem nicht so wichtigen Stellenwert wie die Frage der Ausrichtung zu der ständig „herumwandernden" Sonne.

Die Bahn der Sonne verläuft bekanntlich je nach Jahreszeit sehr unterschiedlich und ändert sich geringfügig sogar täglich. Im Sommer zieht die Sonne fast senkrecht über uns hinweg, im Winter liegt ihre Bahn tief im Süden. Die Bahn der Sonne verläuft im Winter nicht nur tiefer, sondern ist auch wesentlich kürzer. Die Sonne geht im Winter spät auf und früh unter.

Demnach wäre es optimal, wenn sich die Solarzellenfläche immer nach der Sonne drehen könnte. Technisch ist eine derartige automatische Nachführung unproblematisch und wird sogar bei einigen größeren Photovoltaikanlagen angewendet. Mithilfe von zwei Elektromotoren, von denen der eine für die Drehung und der andere für die Neigung zuständig ist, lässt sich diese Aufgabe bewältigen.

In der Praxis handelt es sich dennoch um eine ziemlich kostenintensive und komplizierte Konstruktion, die sich bei kleineren Photovoltaikanlagen erstens nicht rentieren würde und zweitens – auch aus ästhetischen Gründen – vom Volumen her in Wohngebieten kaum realisierbar ist. Hypothetisch könnte zwar ein solches Gestell, ähnlich wie z. B. eine große Satellitenschüssel, im Garten oder auf einem Flachdach aufgestellt werden, aber bei kräftigen Stürmen wäre eine solche Vorrichtung gefährdet.

Abgesehen davon hat auf unserem Breitengrad eine Nachführung keine umwerfende Leistungssteigerung zur Folge. Im Süden Deutschlands dürfte man bei einer Nachführung nur mit einer durchschnittlichen Leistungssteigerung von ca. 26 % bis 33 % rechnen; im Norden vielleicht mit etwa 22 % bis 24 %. Das sind zwar respektable Werte, aber für eine vollautomatische Nachführung sind Elektromotoren erforderlich, die wiederum zusätzliche elektrische Energie verbrauchen.

In der Sahara kann allerdings mithilfe einer Nachführung die Solarzellenausbeutung um ca. 50 %, im Süden der USA um ca. 40 % gesteigert werden. Das kann bei einer größeren Solarzellenfläche durchaus ein Argument für die Nachführung sein.

6.3 Mechanische Eigenschaften der Solarzellen

Die mechanischen Eigenschaften der kristallinen Solarzellen sind annähernd mit den Eigenschaften von entsprechend dünnen Glasscheiben oder sehr dünnen Scheiben aus Naturstein vergleichbar. Sie sind als „kahle Zellen" ziemlich hart und sehr leicht zerbrechlich. Bis zu einem Radius von etwa 1.200 mm bis 1.500 mm lassen sich kristalline Solarzellen auch biegen, was bei den sogenannten flexiblen Solarzellenmodulen genutzt wird.

Die Strapazierfähigkeit der kristallinen Solarzellen wird durch das Einbetten (Eingießen, Einlaminieren) in Module derartig gesteigert, dass sie normalerweise auch einem mittelschweren Hagel widerstehen. Etwas kritischer sind in dieser Hinsicht die flexiblen Solarzellenmodule. Hier werden die Solarzellen üblicherweise nur zwischen zwei relativ dünnen Folien einlaminiert, die keinen allzu hohen mechanischen Schutz bilden. Flexible Solarzellenmodule sind jedoch nicht für Dachanlagen vorgesehen oder geeignet.

6.4 Kühlung der Solarzellen

In guten Solarmodulen sollten die Zellen optimal Wärme leitend eingebettet sein. Die Wärme, die einerseits von der belasteten Zelle und anderseits durch das Aufheizen des Moduls durch die Sonne entsteht, verwandelt oft während einiger heißer Sommermonate (Mittagshitze) das ganze Modul in eine Kochplatte.

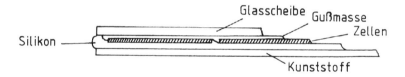

Wie bereits an anderer Stelle erklärt wurde, sinkt der Zellenwirkungsgrad mit dem Temperaturanstieg. Daher wird von Modulherstellern empfohlen, dass die Rückseite (Unterseite) der am Dach montierten Module einen Abstand von ca. 20 bis 50 mm von der Dachhaut haben sollte. Je steiler das Dach, desto kleiner darf der Lüftungsabstand sein.

6.5 Schutzdioden (Bypass-Dioden)

Wird während des Betriebs eine Solarzelle beschattet, sinken automatisch ihre Spannungs- und Stromwerte (somit auch die Leistungswerte) auf ein Niveau, das mit der Abnahme der Bestrahlungsintensität übereinkommt (also bis in die Nähe der Nullspannung). Die Beschattung/Teilbeschattung einer einzigen Zelle wirkt sich ähnlich aus wie eine Rohrverstopfung in einer Wasserleitung und hat bestenfalls einen Leistungsrückgang der ganzen Zellenkette (des ganzen Solarzellenmoduls) zur Folge.

In der Praxis kann so etwas am leichtesten dann vorkommen, wenn die einzelnen Zellen der Solarzellenfläche nicht einheitlich gegen die Sonne ausgerichtet sind – wie z. B. bei einem Solarfahrzeug.

In einem solchen Fall werden z. B. jeweils Solarzellentrios mit zusätzlichen *Bypass-Dioden* überbrückt. Wird in einem solchen Trio eine der Zellen beschattet, bildet die dafür zuständige Bypass-Diode eine überbrückende Umleitung. Die Ausgangsspannung des Solargenerators verringert sich dabei zwar vorübergehend um den Spannungsanteil des Solarzellentrios, aber das ist in der Praxis akzeptabel, da es sich z. B. nur um einen Spannungsverlust von maximal $3 \times 0{,}46$ Volt (= 1,38 Volt) handelt.

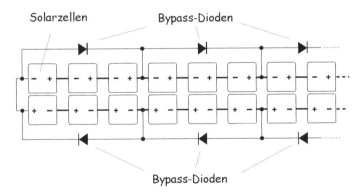

Auch bei Solardachmodulen kann eine – oder können auch mehrere Zellen – z. B. durch angewehtes Laub oder durch einen Zweig beschattet werden. Abhängig von der Stärke dieser Beschattung sinkt proportional die Leistung des ganzen Moduls oder das Modul kann unter Umständen sogar zer-

Auf diese Weise werden in manchen Solarmodulen die Zellenreihen mit Bypass-Dioden überbrückt:

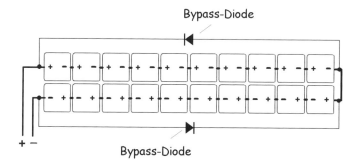

stört werden (weil sich bei intensivem Sonnenschein eine belastete beschattete Solarzelle zu sehr aufheizt). Um dieser Gefahr entgegenzuwirken, werden oft einige der Zellenreihen im Modul mit Bypass-Dioden überbrückt.

Beispiel einer schematischen Darstellung der vorhergehenden Lösung, wie sie – mit gängigen Schaltzeichen – in diversen Prospekten aufgeführt ist:

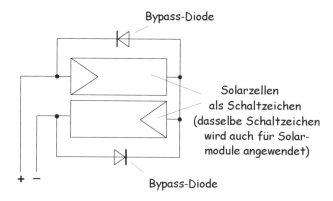

Viele Modulhersteller geben sich damit zufrieden, dass sie jeweils nur eine Bypass-Diode am Modul (ausgangsseitig) anbringen. Damit wird das Modul als Ganzes gegen eventuelle Vernichtung bei Beschattung geschützt (aber vorübergehend außer Betrieb gesetzt). Die restlichen unbeschatteten Module können unter Umständen trotzdem noch weiterhin ihre Aufgabe erfüllen – soweit das gesamte System noch die niedrigere Solarspannung nutzen kann.

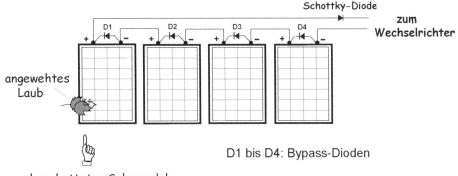

beschattetes Solarmodul

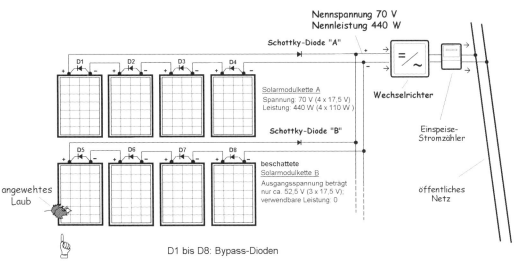

beschattetes Solarmodul

Sind bei einer Solaranlage (Dachanlage) z. B. zwei Modulreihen parallel an einem gemeinsamen Wechselrichter angeschlossen – was oft getan wird – kann eine einzige beschattete Zelle eine ganze Modulreihe außer Betrieb setzen. Die Ursache ist einfach: In einem solchen Fall ist die Spannung an der Anode der Schottky-Diode *B* niedriger als die Spannung an ihrer Kathode. Dadurch ist die Diode *B* gesperrt (siehe hierzu auch Kap. 13).

Dieses Risiko lässt sich damit vermeiden, dass anstelle eines gemeinsamen Wechselrichters jede Modulreihe (Sektion) einen eigenen Wechselrichter erhält – wie auf der folgenden Seite gezeigt wird. Solche Wechselrichter werden als *String-Wechselrichter* bezeichnet. Sie bieten zusätzlich den Vorteil einer besseren Ausgewogenheit des Systems und somit eine bessere

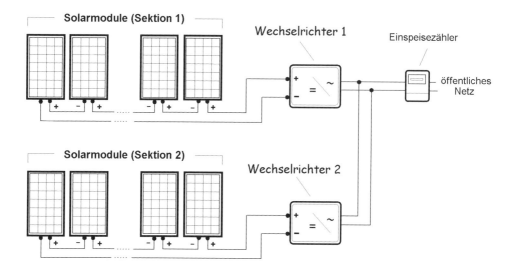

Nutzung der Modulkette. Dennoch sollten auch bei dieser Lösung die einzelnen Solarmodule zumindest ausgangsseitig mit Bypass-Dioden bestückt sein (üblicherweise bringt sie der Hersteller bereits intern im Modul an).

6.6 Solarwechselrichter

Solarwechselrichter wandeln die ihnen zugeführte Solargleichspannung in eine „netzidentische" Wechselspannung um, die sie über einen *Einspeisezähler* in das öffentliche Netz einspeisen. Sie müssen auch variierende Gleichspannungen (zwischen z. B. 50 Volt und 250 Volt) in eine perfekt sinusförmige Netzwechselspannung umwandeln können – und dies mit möglichst kleinen Verlusten (mit hohem Wirkungsgrad, der bei guten Geräten über 95 % liegt).

Ausführungsbeispiel eines Siemens-Wechselrichters:

Hinweis: **Wenn Sie mehr über diese Themen in Erfahrung bringen möchten, empfehlen wir Ihnen noch folgende Bücher von Bo Hanus/Franzis-Verlag:**

- **Wie nutze ich Solarenergie in Haus und Garten (119 Seiten)**
- **Solar-Dachanlagen selbst planen und installieren (128 Seiten)**
- **Spaß & Spiel mit der Solartechnik (112 Seiten)**
- **Wie Sie Solarstrom für Camping, Caravan und Boot nutzen (97 Seiten)**

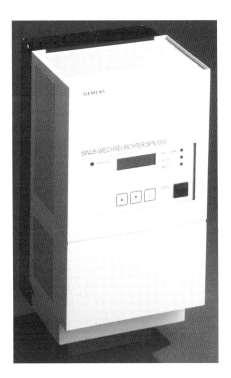

7 Gleichspannung kontra Wechselspannung

Dass aus unseren Steckdosen Wechselstrom (und somit auch Wechselspannung) herauskommt, aus Batterien dagegen nur Gleichstrom (und somit auch Gleichspannung) bezogen werden kann, dürfte den meisten bekannt sein.

Zu klären bliebe noch, dass eine *Gleichstrom-Energiequelle* genauso gut als *Gleichspannungs-Energiequelle* bezeichnet werden kann – und das gleiche gilt auch für die Bezeichnungen *Wechselspannungs-* und *Wechselstrom-Energiequelle.*

Die bekanntesten primären Gleichstrom- und Gleichspannungsquellen elektrischer Energie sind Batterien, Solarzellen und Gleichstromgeneratoren. Zu sekundären Gleichstrom- und Gleichspannungsquellen gehören vor allem *Gleichrichter,* die aus einer Wechselspannung eine Gleichspannung machen (siehe hierzu Kap. 9).

Wechselstrom und Wechselspannung werden normalerweise in elektrischen Generatoren erzeugt, deren Funktionsweise bereits in Kap. 4 erklärt wurde.

Das Eigenartige an einer jeden Wechselspannung ist, dass bei ihr der angegebene Spannungswert nicht ihre „echte" Höhe, sondern nur einen „Nennwert" angibt, bei dem z. B. eine 10-Volt-Wechselspannung die gleiche „energetische Leistung" erbringt wie eine 10-Volt-Gleichspannung.

Die *Amplitude* („Bergspitzen-Höhe") einer sinusförmigen Wechselspannung ist genau 1,41-mal höher als die tatsächliche Höhe einer vergleichbaren Gleichspannung. Das ist nicht nur elektrisch, sondern auch rein geometrisch bedingt. Zwei identisch große Flächen stellen in der Elektrotechnik auch gleiche „energetische Inhalte" dar, wie aus der zeichnerischen Darstellung hervorgeht:

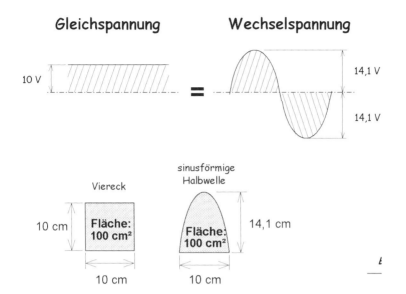

Eine 230-Volt~-Netzspannung variiert in Wirklichkeit zwischen 0 Volt und 324,3 Volt, denn 230 Volt × 1,41 ergibt 324,3 Volt. Auch bei allen niedrigeren Wechselspannungen sind die Spannungshalbwellen immer 1,41-mal höher als die Nennspannung andeutet. Weshalb auf diese Tatsache geachtet werden muss, wird noch in Kap. 14 erläutert.

Spannungsverlauf der 230-Volt-Wechselspannung

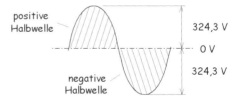

8 Messgeräte

Früher waren alle elektrischen Messgeräte nur als Analogmessgeräte (Zeigermessgeräte) ausgelegt. Heute überwiegen Messgeräte mit digitaler Anzeige. Es ist eine ähnliche Entwicklung der Anzeigenarten wie bei Uhren. Und ähnlich wie beim Ablesen der Zeit liegt es auch mit dem Ablesen der Messwerte nur im persönlichen Ermessen, welcher Art der Anzeige der Vorzug gegeben wird.

Bei den Messgeräten kommt es jedoch auch oft darauf an, was – oder wie – gemessen wird. In vielen Fällen kann z. B. die Häufigkeit einer bestimmten Messung das eine oder das andere System befürworten (was noch an konkreten Beispielen erläutert wird).

Generell stellt bei allen „normalen" Messgeräten die Messgenauigkeit den wichtigsten Parameter dar. Sie bewegt sich bei den meisten der „besseren" Messgeräte zwischen ca. 0,05 % und 5 %.

8.1 Voltmeter

Einige Voltmeter sind für Spannungsmessungen in einem einzigen Bereich vorgesehen, andere verfügen über mehrere umschaltbare Spannungsbereiche.

In Schaltplänen wird das Voltmeter mit folgendem Schaltzeichen (Schaltsymbol) dargestellt:

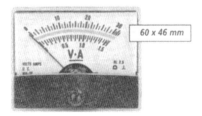

Die meisten der Analog-Einbaumessinstrumente sind als Paneelgeräte für Schalttafeleinbau oder Frontplatteneinbau ausgelegt. Der Zeiger dieser Messgeräte ist an einer Drehspule befestigt, die präzise in einem Magnetfeld gelagert ist und auf Spannung durch Ausschwenken reagiert. Das hier abgebildete Drehspuleinbauinstrument verfügt über eine Doppelskala und ist für Spannungs- oder Strommessung umschaltbar.

Der maximale Spannungsbereich eines Analogvoltmeters sollte den tatsächlich erforderlichen Messbereich nicht allzu sehr überschreiten, denn dies erschwert das Ablesen. Anderseits darf jedoch bei einem preiswerteren Analogmessgerät (Zeigerinstrument) der maximale Messbereich nicht überschritten werden, denn dies hat eine Beschädigung oder Vernichtung des Messinstruments zur Folge (teurere Messinstrumente sind manchmal gegen derartige Fehlanwendungen geschützt).

Ausführungsbeispiel eines kleinen digitalen Gleichspannungs-Einbauvoltmeters, das für Messbereiche von 0–200 mV, 2 V, 20 V, 200 V und 600 V ausgelegt ist und über eine Messgenauigkeit von 0,5 % verfügt *(Foto: Conrad Electronic).*

Bei digitalen Messinstrumenten ist es nicht hinderlich, wenn der maximale Spannungsbereich etwas höher liegt, als erforderlich wäre. Auf das Ablesen hat es jedenfalls keinen Einfluss. Es kann nur zur Folge haben, dass der Messwert abgerundet angezeigt wird. So zeigt beispielsweise ein Voltmeter eine Spannung von 3,17 V an, wenn es für den Messbereich von 10 V ausgelegt ist, es zeigt aber nur 3,1 V oder sogar nur 3 V an, wenn sein Messbereich 600 V beträgt.

Handelsübliche Voltmeter sind meistens als Lab-Tischgeräte, als Spannungsprüfer oder als Paneel-Einbaumessgeräte erhältlich.

Rechts: Ausführungsbeispiel eines handlichen Spannungsprüfers mit drei Digitalanzeigen, der für eine schnelle Spannungskontrolle vorgesehen ist.

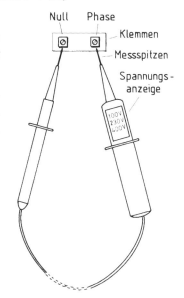

8.2 Amperemeter

Ähnlich wie die Voltmeter sind auch Amperemeter in verschiedensten Ausführungen erhältlich.

In Schaltplänen wird das Amperemeter mit folgendem Schaltzeichen (Schaltsymbol) dargestellt:

Das kleine Analog-Einbauamperemeter *(von Conrad Electronic)* ist wahlweise für einen Messbereich von 1 A, 5 A, 10 A, 15 A und 25 A erhältlich (Abmessungen 70 mm x 60 mm).

Digitale Einbauamperemeter werden oft als *Einbaustrommodule* bezeichnet und sind wahlweise als *AC-*(Wechselstrom)- oder als *DC*(Gleichstrom)-Messgeräte erhältlich *(Foto: Conrad Electronic).*

Amperemeter sind auch als sogenannte *Stromzangen* ausgeführt, die eine berührungslose Messung von Wechselströmen ermöglichen. Ein isolierter elektrischer Leiter (Kabel) wird mit der Stromzange nur berührungslos umklammert und braucht nicht aufgetrennt zu werden *(Foto: Conrad Electronic).*

8.3 Ohmmeter

Ohmmeter sind zwar auch als selbstständige Geräte erhältlich, aber für die gängige Praxis wird zur Widerstandsmessung nur das Multimeter verwendet (geschaltet auf den entsprechenden Messbereich).

In Schaltplänen wird das Ohmmeter mit folgendem Schaltzeichen (Schaltsymbol) dargestellt:

8.4 Multimeter

Multimeter sind universale Messgeräte, die wahlweise als Voltmeter, Amperemeter, Ohmmeter, Frequenzmesser, Dioden- und Transistorentester usw. ausgelegt sind. Auch diese „multifunktionellen" Messinstrumente sind wahlweise als Analog- oder Digitalinstrumente erhältlich.

Ausführungsbeispiel eines Digitalmultimeters *(Foto: Conrad Electronic)*:

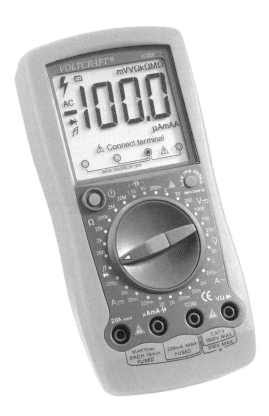

Ausführungsbeispiel eines Analogmultimeters, das mit einer sehr gut ablesbaren Spiegelskala versehen ist *(Foto: Conrad Electronic)*:

Die Wahl des Messbereichs wird bei den meisten einfacheren Multimetern mittels eines großen Drehknopfs vor jedem Messen eingestellt. Dieser Drehknopf befindet sich in der Mitte des Geräts und ist in beiden Richtungen stufenweise verstellbar. Wie aus der hier vereinfacht dargestellten Abbildung hervorgeht, befinden sich um den Drehknopf Sektionen mit der Messbereichvorwahl. Bevor eine Messung vorgenommen wird, müssen die Messart (Spannung, Strom, Widerstand) und der Messbereich (von z. B. 120 V= oder 12 V~) sorgfältig eingestellt werden. Dies ist vor allem bei preiswerteren Multimetern „lebenswichtig", denn sie sind nicht gegen Vernichtung durch eine zu hohe Spannung oder einen zu hohen Strom abgesichert (und gehen blitzschnell kaputt).

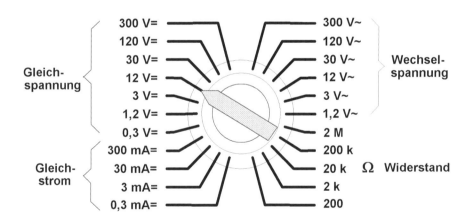

8.5 Richtig messen ist einfach

Da jedem neu gekauften Multimeter eine leicht verständliche Bedienungsanleitung beiliegt, ist es nicht schwer, Spannungen, Ströme oder Widerstände zu messen. Geduld, Ruhe und Sorgfalt sind dabei vor allem beim Messen mit einem Multimeter angesagt, denn eine falsche Einstellung des Messbereichs kann zu einer prompten Vernichtung des Multimeters führen.

Bei Analogmultimetern (Zeigermultimetern) ist bei Gleichspannungs- und Gleichstrommessungen jeweils auch auf die richtige Polarität der Anschlüsse zu achten. Bei einer verkehrten Polarität schlägt der Zeiger – samt seiner Drehspule – in die falsche Richtung (nach links) aus, was zur Folge haben kann, dass er sich dabei etwas verbiegt. Das Multimeter verfügt zwar über einen kleinen Einstellknopf, mit dem sich (mittels eines kleinen Schraubenziehers) der Zeiger genau auf die Null-Ausgangsposition einstellen lässt, aber ein verbogener Zeiger wird danach nicht mehr optimal messen.

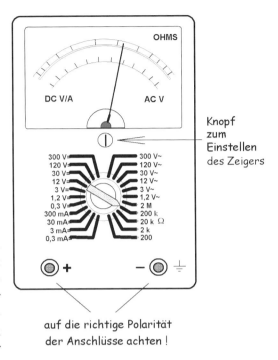

Knopf zum Einstellen des Zeigers

auf die richtige Polarität der Anschlüsse achten!

Digitalmultimeter sind in jeder Hinsicht strapazierfähiger als Analogmultimeter, und das Ablesen von „festen" Messwerten ist vor allem für Anfänger genauso unproblematisch wie das Ablesen der Tageszeit auf einer Digitaluhr. Etwas irritierend kann dabei sein, dass die meisten Digitalmessgeräte länger hin und her rechnen, bevor sie sich auf einen Messwert festlegen – falls es überhaupt gelingt. Hier muss man sich oft damit zufrieden geben, dass auf dem Display der Messwert um den Mittelwert herumspringt, ohne bei einem eindeutigen Festwert zu landen, wie wir es beispielsweise von einem Taschenrechner gewohnt sind.

Bei einem Analogmultimeter zeigt der Zeiger gleitende Veränderungen oder Bewegungen von Spannung, Strom oder Widerstand eindeutiger an als bei einem Digitalmultimeter. Sein Zeiger schwenkt einfach zu der jeweiligen Position ähnlich gleitend aus wie der Tacho eines Kraftfahrzeuges, oder er bewegt sich z. B. mit der ansteigenden oder sinkenden Spannung „optisch nachvollziehbar" gleitend mit.

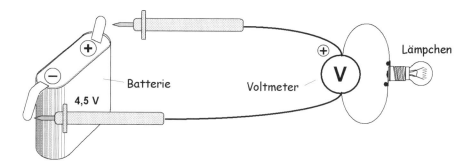

Elektrische Spannung wird mittels eines Voltmeters parallel zu der Spannungsquelle gemessen.

Unbelastete Batterien weisen auch noch dann eine „Scheinspannung" auf, wenn sie ziemlich leer sind. Sie sollten daher grundsätzlich immer mit einer zusätzlichen Belastung gemessen werden. Bei einer Fahrzeugbatterie sollte die Spannung der Batterie bei eingeschaltetem Lichtern gemessen werden. Kleinere Batterien können während der Messung mit einem Lämpchen oder einem Widerstand belastet werden – am besten so, dass die Belastung nicht parallel zu der Batterie, sondern nur parallel zu dem Messgerät angeschlossen wird, um die Batterie nicht länger als unbedingt notwendig zu strapazieren.

Auch die Ladespannung der Fahrzeuglichtmaschine sollte grundsätzlich unter Belastung (= bei eingeschalteten Fahrzeuglampen) gemessen werden. Die Spannung wird einfach an den Klemmen der normal angeschlossenen Auto- oder Motorradbatterie gemessen: Ist die Lichtmaschine intakt, wird bei Betätigung des Gaspedals die erhöhte Ladespannung die Batteriespannung etwas anheben. An einer 12-Volt-Autobatterie wirkt es sich mit einer Erhöhung der Spannung auf ca. 13,5 Volt aus (solange Gas gegeben wird):

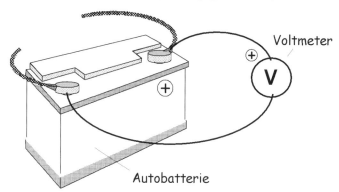

Hinweis: Vor jeder Spannungsmessung muss der richtige Messbereich am Multimeter vorgewählt werden. Soll eine Spannung gemessen werden, deren Höhe im Voraus nur annähernd bekannt ist, wird für die Messung ein Messbereich vorgewählt, der ohne jeden Zweifel höher ist als diese Spannung. Erst nachdem das Multimeter zumindest grob anzeigt, um welche Größenordnung es sich bei der Spannung handelt, kann es auf den optimalen Messbereich umgeschaltet werden. Dieser Hinweis bezieht sich jedoch nicht auf „intelligente" Multimeter, die sich den optimalen Messbereich selbst aussuchen.

Messen der Netz-Wechselspannung
an einem beliebigen Stromanschluss:

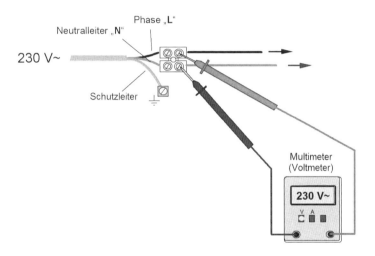

Der elektrische Strom wird immer in Reihe zu der „Belastung" mit einem Amperemeter gemessen. Hier bietet sich ein Vergleich mit der Messung eines Wasserstroms an: Der Wasserstrom muss das Messgerät (den Wasserzähler) durchfließen.

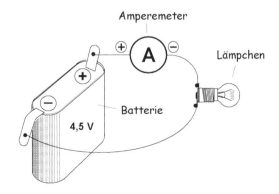

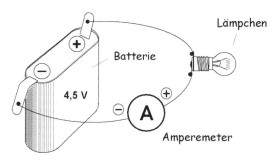

Es spielt keine Rolle, an welcher Stelle des eigentlichen Stromkreislaufs der Strom gemessen wird, denn die angeschlossenen „Verbraucher", durch die der Strom durchfließt, verändern seine Stärke nicht. Der Strom, der z. B. am Pluspol einer Batterie in den elektrischen Schaltkreis hineinfließt, kehrt in der gleichen Stärke über den Minuspol in die Batterie zurück. Das gilt auch für alle anderen Stromquellen.

Ähnlich wie bei der vorher angesprochenen Spannungsmessung muss auch vor einer Strommessung das Multimeter auf einen Strombereich geschaltet werden, der ohne Zweifel höher als der gemessene Strom ist.

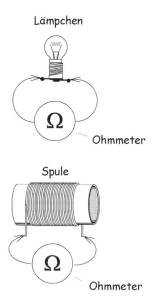

Der ohmsche Widerstand wird immer an Anschlüssen des gemessenen Bauteils/ zwischen beiden Enden einer Leitung gemessen. Die gemessenen Gegenstände dürfen bei dieser Messung nicht unter Spannung sein – dies würde das Ohmmeter/das Multimeter vernichten.

Vor der Messung eines Widerstands muss das Multimeter auf *Widerstandsmessung* geschaltet werden. Bei Multimetern, die mit einem großen Drehknopf ausgelegt sind, geht aus der Beschriftung der Felder hervor, welche Schalterpositionen sich für die vorgesehene Messung am besten eignen. Wird für die Messung eines Widerstands z. B. ein zu niedriger Widerstandsbereich eingestellt, hat dies – im Vergleich zu einer Spannungs- oder Strommessung – keine Beschädigung des Multimeters zur Folge.

Bei Zeigermultimetern (Analogmultimetern) ist es erforderlich, dass vor jeder Widerstandsmessung nach dem Einschalten sowie auch nach jeder Veränderung des Widerstandsmessbereichs erst der Zeiger des Multimeters justiert wird: Die zwei Messspitzen der Messleitung werden – wie unten abgebildet – erst miteinander verbunden (kurzgeschlossen), was einen Widerstand von „0 Ohm" ergibt. Dabei wird mit dem Stellknopf, der z. B. als Ω-ADJ bezeichnet ist, der Zeiger genau auf „0 Ohm" eingestellt.

Eine solche Einstellung ist nicht erforderlich – oder braucht nicht allzu genau vorgenommen zu werden –, wenn mit dem Ohmmeter nur kontrolliert wird, ob eine leitende Verbindung vorhanden ist.

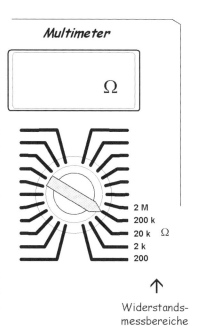

↑
Widerstands-
messbereiche

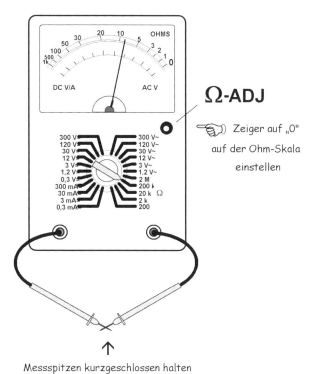

Ω-ADJ

☞ Zeiger auf „0"
auf der Ohm-Skala
einstellen

↑
Messspitzen kurzgeschlossen halten

die Suche nach der „richtigen" Kabelader
mit einem Zeigerohmmeter

Hier genügt es, wenn der Zeiger des Ohmmeters einfach nur „wahrnehmbar" ausschlägt und damit anzeigt, dass die Verbindung besteht/dass man bei einem mehradrigen Kabel den richtigen Leiter gefunden hat. Für derartige Kontrollzwecke reicht allerdings auch ein einfacher Piepser aus. Er ist ohnehin das Mittel der Wahl, wenn nur ein Digitalmultimeter zur Verfügung steht, denn bei dem ist der Widerstandsmessbereich meist viel zu träge, um solche Kontrollmessungen schnell vornehmen zu können.

8.6 Oszilloskope

Ein Oszilloskop zeigt an seinem Bildschirm optisch einen Spannungsverlauf, Spannungsschwankungen sowie auch normale Spannungswerte usw. an. Man kann sich beispielsweise näher ansehen, wie gut eine gleichgerichtete Spannung tatsächlich ist (ob sie keine Reste von Wechselspannung in der Form von kleinen Rillen hat, ob der Gleichrichter intakt ist und alle Spannungshalbwellen liefert u. Ä.). Wertvolle Dienste leistet ein Oszilloskop vor allem bei der Arbeit mit Frequenzen, die z. B. als Frequenzen diverser Taktgeber oder als Audiofrequenzen nur mithilfe eines Oszilloskops sichtbar gemacht werden können. Oszilloskope sind wahlweise als größere

Geräte mit (überwiegend) Bildröhrenbildschirmen oder auch als kleine „aufgemöbelte" Multimeter mit größeren LCD-Displays erhältlich.

Ausführungsbeispiel eines preiswerten Oszilloskops (*Foto: Conrad Electronic*):

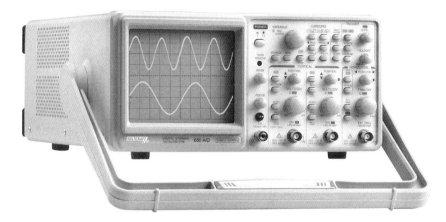

Ausführungsbeispiel eines „Display-Multimeters", das als Minioszilloskop ausgelegt ist (*Foto: Conrad Electronic*):

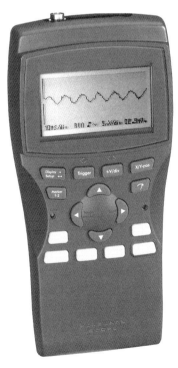

9 Der ohmsche Widerstand

Unter dem Begriff *ohmscher Widerstand* ist der Widerstand eines elektrischen Leiters oder Körpers zu verstehen, der für seine Leitfähigkeit bestimmend ist. Im Prinzip wäre es sinnvoller, wenn diese Eigenschaft bei Leitern einfach als *Leitfähigkeit* definiert werden könnte. Stattdessen fungiert in der Elektrotechnik für die Bewertung (oder Berechnung) der Leitfähigkeit eines Leiters sein *ohmscher Widerstand* – obwohl er eigentlich als eine „Bremse" der Leitfähigkeit zu betrachten wäre. Diese Lösung hat jedoch viele Vorteile und ermöglicht schnelle und einfache Berechnungen von z. B. Spannungsverlusten in längeren Leitungen.

Nebenbei: Anstelle der Bezeichnung *ohmscher Widerstand* wird in der Technik oft nur die Bezeichnung *Widerstand* verwendet. Das genügt, denn aus dem Sinn eines Fachthemas geht meist automatisch hervor, dass es sich bei diesem Wort um keinen Widerstand gegen die Regierung oder gegen die Ökosteuer, sondern um die Eigenschaft eines elektrischen Leiters handelt. Es gibt hier aber ein gewisses Dilemma: Als *Widerstand* wird in der Elektrotechnik sowohl der Widerstand eines Leiters als auch der Widerstand eines Widerstands (als elektrotechnisches Bauteil) bezeichnet.

Es klingt dann etwas verwirrend, wenn man z. B. schreibt, dass *der Widerstand des Widerstands* (als Bauteil) 5 Ohm beträgt. Da sieht es technisch wesentlich eleganter aus, wenn man schreibt, dass der ohmsche Widerstand des Widerstands 5 Ohm beträgt. Handelt es sich nicht um einen Widerstand als elektrotechnisches Bauteil, sondern um einen Leiter (oder eine Leitung), genügt die Bezeichnung „Widerstand" völlig.

Da Kupfer der beste „bezahlbare" elektrische Leiter ist, werden praktisch alle elektrischen Leitungen (in der Form von Drähten und Kabeln) aus Kupfer hergestellt. Je größer der Durchmesser – und somit auch der Querschnitt – eines Leiters, desto niedriger ist sein Widerstand. Für elektrotechnische Installationen sind die handelsüblichen Standardquerschnitte der Leiter (und Kabel) in Stufen eingeteilt, die in der nachfolgenden Tabelle ersichtlich sind.

Die Maßeinheit des Wi-
derstands ist das Ohm (Ω).
Ähnlich wie bei Volt,
Ampere oder Watt wird in
der Elektrotechnik und
Elektronik z. B. auch mit
Kiloohm (kΩ) oder Me-
gaohm (MΩ) gerechnet
(1 kΩ = 1.000 Ohm, 1 MΩ
= 1 Million Ohm).

Leiter-querschnitt	Leiter-durchmesser	Widerstand pro 10 m Länge
0,75 mm^2	0,98 mm	0,232 Ω
1 mm^2	1,13 mm	0,178 Ω
1,5 mm^2	1,38 mm	0,117 Ω
2,5 mm^2	1,78 mm	0,070 Ω
4 mm^2	2,25 mm	0,045 Ω
6 mm^2	2,75 mm	0,030 Ω
10 mm^2	3,60 mm	0,018 Ω
16 mm^2	4,50 mm	0,012 Ω
25 mm^2	6,45 mm	0,0071 Ω
35 mm^2	7,50 mm	0, 0528 Ω
50 mm^2	9,25 mm	0,0357 Ω

Europäisches Schaltzeichen
eines Widerstands:

Widerstände als Bauteile werden als Draht-
widerstände, Kohleschichtwiderstände und
Metallfilmwiderstände ausgelegt. Das
Schaltzeichen ist jedoch für alle Sorten dieser Widerstände einheitlich:

Amerikanisches Schaltzeichen
eines Widerstands:

**Drahtwiderstand
(Ausführungsbeispiel):**

Bei einem Drahtwiderstand ist ein
spezieller Draht mit hohem Widerstand (von z. B. 40 Ω/m) auf
ein Porzellanröhrchen aufgewickelt.

Widerstanddraht

Keramik-röhrchen

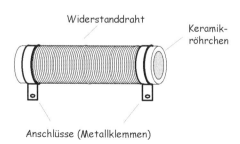

Anschlüsse (Metallklemmen)

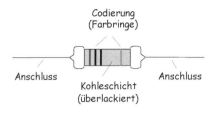

Codierung
(Farbringe)

Anschluss

Kohleschicht
(überlackiert)

Anschluss

Bei Kohleschichtwiderständen wird die eigentliche Widerstandsschicht als eine *kristalline Grauglanzkohle* auf einen runden Porzellantragekörper pyrotechnisch aufgebracht. Danach wird der Widerstandskörper mit einer schützenden Lackschicht und mit bunten Kodierungsringen versehen, die den ohmschen Wert und die Toleranz angeben.

Metallfilm(Metallschicht)widerstände sehen ähnlich aus wie Kohleschichtwiderstände, aber ihre Widerstandsschicht bildet – wie der Name andeutet – ein Metallfilm, der ebenfalls auf einem Porzellantragekörper (Röhrchen) aufgetragen ist.

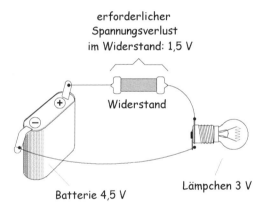

erforderlicher
Spannungsverlust
im Widerstand: 1,5 V

Widerstand

Batterie 4,5 V

Lämpchen 3 V

Vereinfacht formuliert, fungieren solche Widerstände in elektrischen Schaltkreisen sehr oft als Energiefresser und Spannungsschlucker oder als künstliche „Bremsen" des durch sie fließenden elektrischen Stroms. Ist es beispielsweise erforderlich, dass an eine 4,5-Volt-Spannung ein 3-Volt-Glühlämpchen angeschlossen wird, kann in Reihe mit dem Lämpchen ein Widerstand angeschlossen werden, dessen Aufgabe es ist, die „überflüssigen" 1,5 Volt abzufangen (= in Wärme umzuwandeln und diese in die Umgebung abzustrahlen).

Da in unserer Welt physikalisch bedingt keine Energie verloren gehen kann, geht auch der Teil der elektrischen Energie, die in einer Leitung oder in einem Widerstand verloren geht, nicht wirklich verloren, sondern wird in Wärme umgewandelt. Genau genommen wird ein winziger Teil davon auch als infrarotes Licht in die Umgebung abgestrahlt, aber das spielt für normale technische Überlegungen keine Rolle.

Eine zu schwach dimensionierte elektrische Leitung (z. B. ein zu dünnes Rasenmäherkabel) heizt sich zu sehr auf. Das hat nicht nur Spannungs- und Leistungsverluste zur Folge, sondern die Kunststoffisolation der Leiter und auch die Kupfersträhnen werden dadurch früher oder später brüchig.

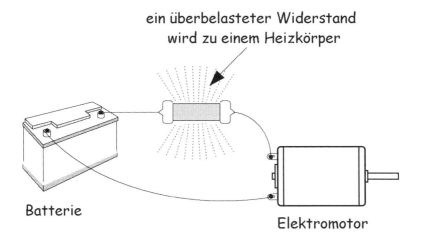

ein überbelasteter Widerstand
wird zu einem Heizkörper

Batterie

Elektromotor

Auch ein „unterdimensionierter" Widerstand (als Bauteil) heizt sich zu sehr auf und verbrennt. Daher ist bei Anwendung dieses Bauteiles jeweils auch seine – vom Hersteller angegebene – *Nennleistung* (in Watt) zu berücksichtigen.

Handelsübliche Widerstände (als Bauteile) werden nach Leistungen (Größen) in Gruppen von 0,1 W, 0,25 W, 0,5 W, 1 W usw. eingeteilt. Ihre ohmschen Werte sind in sogenannten *E12-* und *E24-Reihen* genormt abgestuft.

Kohleschichtwiderstände sind in fest vorgegebenen Abstufungen erhältlich, die sich in der E12-Reihe folgendermaßen wiederholen:

1 – 1,2 – 1,5 – 1,8 – 2,2 – 2,7 – 3,3 – 3,9 – 4,7 – 5,6 – 6,8 – 8,2 – 10 – 12 – 15 – 18 – 22 usw.

Es bleibt immer bei dem Verhältnis, das zwischen 1 und 10 liegt. So gibt es z. B. unter anderem Werte von 1 Ω, 1,2 Ω, 1,5 Ω, 1,8 Ω usw., aber auch Werte von 1 kΩ (= 1.000 Ohm) oder 470 kΩ (= 470.000 Ohm) usw.

Bei Metallschichtwiderständen sind die Abstufungen feiner: 1 – 1,1 – 1,2 – 1,3 – 1,5 – 1,6 – 1,8 – 2 – 2,2 – 2,4 – 2,7 – 3 – 3,3 – 3,6 – 3,9 – 4,3 – 4,7 – 5,1 – 5,6 – 6,2 – 6,8 – 7,5 – 8,2 – 9,1 – 10 usw. Auch hier setzen sich diese Stufen bis zu etwa 10 MΩ (10 Megaohm) fort.

Bei der Beschriftung der Widerstände wird das Ω-Zeichen meist weggelassen. Ein Widerstand von z. B. 10 kΩ wird nur als „10 k", ein Widerstand von 2,2 MΩ nur als „2,2 M" bezeichnet. Bei Widerständen unterhalb von 1 k wird das Ω-Zeichen manchmal verwen-

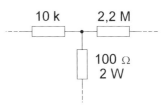

10 k   2,2 M

100 Ω
2 W

det, manchmal weggelassen. Ein Widerstand von z. B. 100 Ohm wird dann als „100 Ω" oder schlicht mit dem kahlen Wert „100" bezeichnet. Von der Art eines Schaltplans hängt zusätzlich ab, ob neben dem Widerstand auch eine Angabe bezüglich seiner Belastung (Nennbelastung in Watt) aufgeführt wird.

Wird in einem Schaltplan die *Nennbelastung* der Widerstände nicht angegeben, handelt es sich um Widerstände, deren Belastung unterhalb von 0,25 Watt liegt.

Für die gängigen Anwendungen in der Elektronik kommen – bis auf Ausnahmen – die preiswerten Kohleschichtwiderstände zum Einsatz. Metallschichtwiderstände sind etwas teurer als Kohleschichtwiderstände, aber wesentlich rauschärmer und werden daher z. B. in empfindlicheren Audioschaltungen den Kohleschichtwiderständen vorgezogen.

Abgesehen davon sind Metallschichtwiderstände mit Toleranzen von ca. 1 % erhältlich, Kohleschichtwiderstände dagegen nur in Toleranzen von 5 %. In den meisten Schaltungen reichen Toleranzen von 5 % völlig aus. Soweit in einem Schaltplan nicht speziell darauf hingewiesen wird, dass eine Toleranz von 1 % beziehungsweise ein Metallschichtwiderstand erwünscht ist, können bedenkenlos Kohleschichtwiderstände eingesetzt werden.

Zwei Parameter sind bei jedem Widerstand wichtig: der ohmsche Wert (in Ohm) und die Belastbarkeit (in Watt).

In Katalogen und Preislisten sind Widerstände nach ihrer Belastbarkeit eingeteilt. Es fängt z. B. mit der Rubrik „1/10" Watt an. Die ohmschen Werte dieser Widerstände beginnen meistens bei 1 Ohm und setzen sich bis zu 10 oder 22 MΩ fort (1 Megaohm = 1.000.000 Ohm).

Neben *Festwiderständen* gibt es auch noch regelbare oder einstellbare Widerstände, die vor allem als *Potenziometer* und *Einstellregler* in verschiedensten Ausführungen erhältlich sind. Sie sind wahlweise als *Drehpotenziometer* oder als *Schiebepotenziometer* ausgelegt (siehe Kap. 9.3).

9.1 Das ohmsche Gesetz

Es ist inzwischen fast 200 Jahre her, dass Georg Simon Ohm lebte. Er wurde 1787 im fränkischen Erlangen geboren und starb 1854 in München. Ihm verdankt die Welt das sogenannte ohmsche Gesetz, laut dem es zwischen der Spannung, dem Strom und dem Widerstand ein ähnliches „Dreiecksverhältnis" wie bei Spannung, Strom und Leistung gibt.

Eine der wichtigsten elektrotechnischen Formeln lautet:

Widerstand (in Ohm) × Strom (in Ampere) = Spannung (in Volt)

In der Form von internationalen technischen Abkürzungen heißt es:

$R \times I = U$

R = Widerstand
I = Strom
U = Spannung

Nicht vergessen: Auch diese Formel ist ähnlich wie die Formel für das Berechnen einer Fläche:

Breite × Länge = Fläche.

Und wie die Formel für die Berechnung einer Fläche hat auch die ohmsche Formel noch zwei alternative Abwandlungen:

$R = U : I$
$I = U : R$

Als „Kostproben" der Anwendung des ohmschen Gesetzes nehmen wir uns zwei einfache Beispiele vor:

Beispiel A:
Ein Glühlämpchen, das für eine Betriebsspannung von 3,5 Volt und einen Strom von 0,2 Ampere ausgelegt ist, soll seine Betriebsspannung von einer 4,5-Volt-Batterie beziehen. Die Batteriespannung ist um 1 Volt

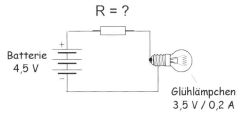

zu hoch. Diesen Spannungsüberschuss von 1 Volt möchten wir mit einem Widerstand (Vorwiderstand) „abfangen" – wie abgebildet.

Um den ohmschen Wert dieses Widerstands ausrechnen zu können, müssen wir wissen, welcher Strom durch ihn fließen wird. Wie bereits an anderer Stelle erklärt wurde, bleibt in einem geschlossenen Schaltkreis der Strom „auf der ganzen Strecke" konstant und wird von dem angeschlossenen Verbraucher (in diesem Fall von dem Lämpchen) bestimmt. Das Lämpchen bezieht also einen Strom von 0,2 A. Damit haben wir zwei „Bekannte" für die ohmsche Formel: Die Spannung U (1 V), die der Widerstand sozusagen in sich hineinfressen muss, und den Strom *I* (0,2 A), der durch den Widerstand fließen wird. Den gesuchten ohmschen Wert des Widerstands rechnen wir uns nach der Formel *R = U : I* aus:

1 V : 0,2 A = 5 Ω (5 Ohm)

Unter den handelsüblichen Kohleschichtwiderständen gibt es zwar keine 5-Ohm-, wohl aber 4,7-Ohm- oder 5,6-Ohm-Typen. Die 4,7 Ohm liegen den 5 Ohm am nächsten und erfüllen ihre Aufgabe auch zufrieden stellend. Wir können aber leicht überprüfen, wie zufriedenstellend hier ein 4,7-Ohm-Widerstand seine Aufgabe meistert und ob er nun tatsächlich zumindest annähernd die erforderlichen 1 Volt in sich „hineinfrisst": 4,7 Ω × 0,2 A = 0,94 V (nach der Formel R × I = U [Widerstand mal Strom = Spannung]). Eine derartig winzige Abweichung von dem optimalen Spannungsverlust kann bedenkenlos in Kauf genommen werden. Kein Glühlämpchen wird es uns übel nehmen, wenn seine Versorgungsspannung um 0,06 Volt höher sein wird, als theoretisch vorgesehen ist.

Die Formulierung, dass der Widerstand den überflüssigen Teil der Spannung in sich „hineinfrisst", wird in der Fachterminologie nicht verwendet. Man bevorzugt die Formulierungen, dass „am Widerstand eine Verlustspannung von z. B. 0,94 V entsteht" oder dass der Widerstand „eine Spannung von 0,94 V abfängt". Das ist auch korrekter, denn tatsächlich frisst ein solcher Widerstand die Spannung nicht wie ein Hund sein Hundefutter in sich hinein, sondern wandelt die an ihm entstandene *Verlustleistung* (als Spannung × Strom) in Wärme um, die er in seine Umgebung ausstrahlt.

Somit funktioniert eigentlich ein solcher Widerstand wie ein kleiner elektrischer Heizkörper. Er muss dabei so dimensioniert werden, dass er die Leistung, die er in Wärme umwandelt, auch verkraften kann, ohne zu verbrennen. Auch das lässt sich leicht ausrechnen – und wir sehen uns näher an, wie es mit der Leistung steht, die unser vorher berechneter 4,7-Ohm-Widerstand in Wärme umwandeln muss: Spannung (0,94 V) × Strom (0,2 A) = 0,188 Watt.

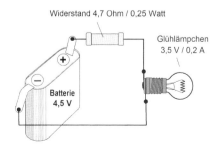

Widerstand 4,7 Ohm / 0,25 Watt

Glühlämpchen
3,5 V / 0,2 A

Batterie
4,5 V

Abgesehen von den kleinsten Kohleschicht-Widerständen, die für eine Nennleistung von 0,1 Watt ausgelegt sind, eignet sich für dieses Vorhaben praktisch jeder 4,7-Ohm-Widerstand ab 0,25 Watt, den man gerade zur Hand hat.

Alternative Lösung (a):
zwei Widerstände à 10 Ohm / 0,25 Watt parallel
ergeben einen Widerstand von 5 Ohm / 0,5 Watt

Alternative Lösung (b):
zwei Widerstände von 2,2 und 2,7 Ohm / 0,25 Watt in Reihe
ergeben einen Widerstand von 4,9 Ohm / 0,25 Watt

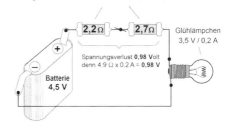

Beispiel B:

Wir möchten ausrechnen, wie groß der Spannungsverlust in einem 50 m langen Elektrokabel ist, dessen Querschnitt 1,5 mm^2 beträgt und an das wir einen 230-V~-Rasenmäher mit Radantrieb anschließen, der einen Strom von 8 Ampere bezieht.

Elektrokabel 3 × 1,5 mm^2
50 m lang

Die tatsächliche Strecke, die in diesem Fall der fließende Strom „absolviert", beträgt 100 m (50 m weit fließt er zum Rasenmäher – über die eine Ader – und weitere 50 m braucht er für den Rückweg über die zweite Ader. Aus der Tabelle (am Anfang dieses Kapitels) geht hervor, dass der Widerstand eines Kupferleiters mit einem Querschnitt von 1,5 mm^2 „nur" 0,117 Ω pro 10 m (= 1,17 Ω pro 100 m) beträgt.

Die Spannung, die hier „unterwegs" verloren geht, errechnen wir wieder nach der Formel „R × I = U":

   1,17 Ω × 8 A = 9,36 V

Beträgt die „Quellenspannung" (Netzspannung in der Wandsteckdose) 230 V~, erhält der Rasenmäher theoretisch nur 220,6 V. Das Sprichwort „Grau ist alle Theorie, in der Praxis stimmt es nie" trifft allerdings auch hier zu, denn die eigentliche Netzspannung sollte zwar theoretisch 230 V~ betragen, aber praktisch weicht die tatsächliche Netzspannung von den theoretisch vorgegebenen 230 V~ fast immer etwas ab. Bei gut dimensionierten Netzen wird dem Kunden eine Spannung geliefert, die eher etwas über als unter 230 V~ liegt.

Zudem werden die Leiter im Hausnetz meist relativ dünn (zwischen 1,5 und 2,5 mm^2) gehalten. Dadurch entstehen in längeren Leitungen zwischen dem Zählerschrank und den Steckdosen zusätzliche Spannungsverluste, wenn die angeschlossenen Verbraucher zu kräftigeren „Energiefressern" gehören – was auch in dem Beispiel mit unserem Rasenmäher zutrifft.

Auf Eines wäre hier der Vollständigkeit halber noch hinzuweisen: Der Rasenmäher-Elektromotor, der als „Einphasen-Kondensatormotor" ausgelegt ist, bezieht beim Einschalten vorübergehend einen bis zu 7 mal höheren Strom, als auf seinem Typenschild angegeben ist. Dieser Stromstoß kann in dem kurzen Moment einen ebenfalls bis zu 7-mal höheren Spannungsverlust im Kabel verursachen, als wir für den eigentlichen Dauerbetrieb ausgerechnet haben. Dieser Spannungsverlust kann theoretisch bis zu ca. 65 Volt betragen. Der Rasenmäher erhält somit gerade beim Start eine „Unterspannung" (von evtl. 165 V), die ihm das Anlaufen erschwert.

Möchten wir uns interessehalber auch noch den Leistungsverlust in dem Rasenmäherkabel ansehen, ergibt er sich nach der Formel *Leistung = Spannung × Strom*, durch das Multiplizieren der ermittelten Verlustspannung von 9,36 V mit dem bezogenen Strom von 8 A. Das wären 74,88 Watt (9,36 × 8 = 74,88). Dies ist ein stolzer Energieverlust in der Leitung (das Kabel wärmt sich dadurch spürbar auf, denn auch hier wird die elektrische Energie in Wärme umgewandelt).

Wir haben allerdings für dieses Beispiel einen großen Rasenmäher gewählt, der einen relativ hohen Stromverbrauch hat. Wenn jedoch z. B. im Waschraum eines Wohnhauses gleichzeitig die Waschmaschine, der Wäschetrockner und evtl. auch noch eine Elektromangel laufen, kann der Stromverbrauch bis zu 30 A betragen und entsprechend die Zuleitung vom Zählerschrank bis zu den Geräten belasten.

Die hausinternen Leitungen sind üblicherweise zwar wesentlich kürzer als das vorher betrachtete Rasenmäherkabel, aber die Spannungs- und Leistungsverluste können unter Umständen (durch den wesentlich höheren Strombedarf) dennoch respektable Werte erreichen. Bei gewissenhaft dimensionierten Hausnetzen werden daher für Steckdosenanschlüsse Leiter mit einem Querschnitt von 2,5 mm^2 und für Elektroherde sogar solche mit einem Querschnitt von 4 mm^2 verwendet. Damit werden Spannungs- und Leistungsverluste präventiv verringert.

9.2 Codierung von Widerständen

Bei Widerständen, die zu klein sind, um auf sie die Angaben der Werte aufdrucken zu können, wird sowohl der ohmsche Wert als auch die Toleranz mit farbigen Ringen als *Farbcodierung* auf den Widerstandskörper aufgetragen. Das Prinzip der Codierung ist zwar für einen Einsteiger etwas gewöhnungsbedürftig, aber dennoch sehr einfach. Man braucht sich nur zu merken, welche der zehn Farben anstelle einer Zahl steht, die zwischen 0 und 9 liegt:

FARBE:	ZAHL:
Schwarz	0
Braun	1
Rot	2
Orange	3
Gelb	4
Grün	5
Blau	6
Violett	7
Grau	8
Weiß	9

Die Farbcodes sind zwar für Metallfilm(Metallschicht)- und Kohlewiderstände identisch, aber bei Metallfilmwiderständen wird der Farbkode des ohmschen Werts mit vier Ringen, bei Kohlewiderständen nur mit drei Ringen aufgedruckt.

Ein zusätzlicher goldener oder silberner Ring gibt noch die Toleranz des Widerstands an: Gold steht für 5 % Toleranz, Silber für 10 % Toleranz. Das

Widerstandsfarbcode

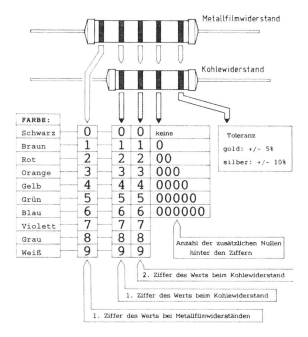

erleichtert auch die Orientierung beim Ablesen des codierten Werts: Wenn man einen Widerstand in die Hand nimmt, sucht man erst nach dem goldenen oder silbernen Ring. Dann dreht man den Widerstand in der Hand so um, dass dieser Ring rechts steht – also am Ende der Codierung. Danach kann man von links nach rechts einfach die „Ringe" ablesen.

Dabei geht dies bei einem Kohlewiderstand nach folgendem Beispiel:
Der erste Ring (von links) ist gelb – das bedeutet die Zahl **4**.
Der zweite Ring (von links) ist violett – das bedeutet die Zahl **7**.

Der dritte Ring ist orange – das bedeutet drei Nullen (000), die zu den vorhergehenden Zahlen dazukommen. Das Ergebnis lautet:

$$47.000 \ (= 47.000 \ \text{Ohm}/47 \ \text{k}\Omega)$$

Hat man in der Hand einen Widerstand, der nicht mit 3 + 1 Farbringen, sondern 4 + 1 Farbringen versehen ist, handelt es sich offensichtlich um einen Metallfilmwiderstand – was jedoch an der eigentlichen Entschlüsselung des Codes nichts ändert.

Wer eine gewisse Zeit lang mit solchen codierten Widerständen arbeitet, dem wird die Codierung ins Blut übergehen. Er wird den ohmschen Wert eines Widerstands auf Anhieb erkennen, ohne die Reihenfolge der Codierung Ring für Ring entschlüsseln zu müssen.

9.3 Potenziometer

Europäische Schaltzeichen:

Dreh- oder Schiebe-
potenziometer

Einstellpotenziometer
(Einstellregler)

    oder

Amerikanische Schaltzeichen:

Dreh- oder Schiebe-
potenziometer

Einstellpotenziometer
(Einstellregler)

Potenziometer sind regelbare Widerstände, die wir aus der Praxis vor allem als Dreh- oder Schiebepotenziometer kennen. Neben den „großen" Potenziometern gibt es auch kleine bis winzige Potenziometer, die als *Einstellpotentiometer* oder *Einstellregler* meist intern in Geräten eingebaut sind und nur für ein einmaliges Einstellen irgendeiner Funktion dienen.

Aus dem Schaltzeichen geht in einem Schaltplan hervor, um welche Art Potenziometer es sich handelt.

Ausführungsbeispiel eines Draht-Drehpotenziometers *(Foto Conrad Electronic):*

Ausführungsbeispiel eines Dreh-potenziometers mit spezieller Kohleschicht *(Foto Conrad Electronic):*

Ausführungsbeispiel eines Schiebepotenziometers *(Foto Conrad Electronic):*

Ausführungsbeispiel eines Einstellpotenziometers/Einstellreglers *(Foto: Conrad Electronic):*

Die gängigsten Potenziometer verfügen über drei Anschlüsse, wovon bei Dreh- und Einstellpotenziometern der „Schleifer" meist als der mittlere Anschluss angeordnet ist. Es gibt aber auch Stereopotenziometer, die aus zwei nebeneinander angeordneten Potenziometern bestehen:

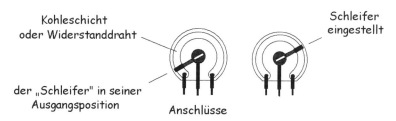

Auf einige praxisbezogene Anwendungen von Potenziometern kommen wir in diesem Buch noch zurück.

9.4 Fotowiderstände

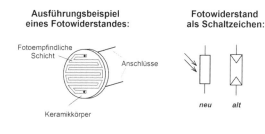

Fotowiderstände gehören zu den ältesten optoelektronischen Komponenten. Es handelt sich um spezielle polaritätsunabhängige Bauelemente, deren ohmscher Widerstand von der Beleuchtungsintensität ihrer belichteten Widerstandsschicht abhängt. Bei Lichteinfall nimmt der Widerstand ab und sinkt bis auf einige hundert Ohm herab, bei Verdunkelung steigt der Widerstand bis in den Megaohmbereich auf.

In Schaltplänen wird oft neben dem Schaltzeichen eines Fotowiderstandes auch die internationale Abkürzung *LDR* (light-dependent resistor) angegeben – um hervorzuheben, dass es sich hier um einen Fotowiderstand handelt.

Gegenüber den moderneren Fotohalbleitern (Fotodioden und Fototransistoren) reagieren Fotowiderstände auf Lichtveränderungen zwar zu träge, um z. B. ausreichend schnell Daten übertragen zu können. Sie werden in der Elektrotechnik dennoch immer noch mit Vorliebe dort angewendet, wo z. B. nur eine Wahrnehmung der Lichtveränderung beansprucht wird. So finden sie ihren Einsatz in Dämmerungsschaltern, bei der Überwachung der Flamme in Heizkesseln usw.

Wie ein Fotowiderstand auf die Veränderung der Belichtung reagiert, kann leicht mithilfe eines Ohmmeters (Multimeters) getestet werden. Die Belichtung kann dabei einfach durch Abdecken des Fotowiderstands verändert werden.

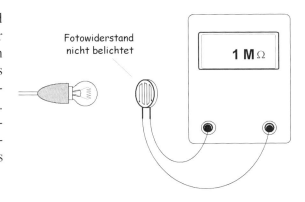

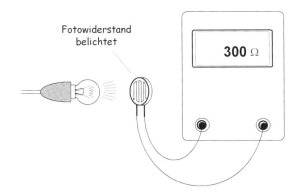

Ein Laser-Pointer betätigt über einen Fotowiderstand ein Stromstoß-Relais
(Beispiel einer nachbauleichten Selbstbau-Schaltung mit dem Timer-IC NE 555)

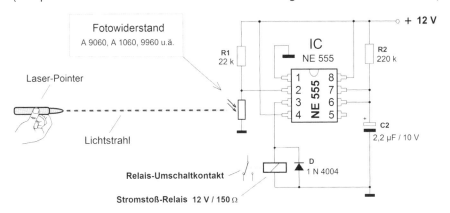

10 Kondensatoren

Kondensatoren weisen mehrere spezielle Eigenschaften auf, von denen man sich oft nur eine – oder einige wenige – zunutze macht.

Die Vielfalt der handelsüblichen Kondensatoren ist sehr groß. Ihre Formen und ihre Abmessungen sind unterschiedlich. Die kleinsten Kondensatoren sind nicht viel größer als ein Stecknadelkopf und finden ihre Anwendung in der Elektronik und in der Mikroelektronik. Große Kondensatoren, die in der Starkstromelektronik verwendet werden, sind manchmal bis zu einigen Metern hoch, breit und tief.

Zudem differenzieren sich Kondensatoren auch noch in solche, bei denen es – ähnlich wie bei den Widerständen – auf die Polarität nicht ankommt und solche, bei denen strikt auf die richtige Anschlusspolarität geachtet werden muss.

Im Gegensatz zu einem Widerstand verhält sich ein Kondensator für den Gleichstrom als „undurchlässig" und für den Wechselstrom als leitend. Je größer die Kapazität des Kondensators und je höher die Frequenz des ihm zugeführten Wechselstroms ist, desto besser lässt er den ihm zugeführten Wechselstrom sowie auch die ihm zugeführte Wechselspannung durch.

Diese Eigenschaft erweist sich als sehr nützlich bei Anwendungen in der Unterhaltungselektronik, Audiotechnik, Fernmeldetechnik, Steuer- und Regeltechnik sowie auch bei diversen Einsatzgebieten in der Starkstromtechnik. Eine ziemlich breite Anwendung finden hier kleine Kondensatoren u. a. in Entstörfiltern. Hier filtern sie unerwünschte Störimpulse aus der Netzspannung heraus.

Größere Elektrolytkondensatoren können zudem eine gewisse Menge elektrischer Energie speichern. Man kann sie – ähnlich wie Akkus – mit einem Gleichstrom (auch mit pulsierenden Gleichstrom) aufladen. Sie werden u. a. als Glättungskondensatoren in Netzgeräten, als Energiequellen für die Absicherung von Daten bei Netzspannungsunterbrechung oder anstelle von Batterien als Energiespeicher in kleinen solarbetriebenen Geräten verwendet.

Wozu ein Kondensator in der Praxis gut sein kann, lässt sich am einfachsten mit Beispielen von konkreten Anwendungen erläutern – worauf wir noch zurückkommen werden. Erst sehen wir uns kurz an, was man sich unter einem Kondensator vorstellen kann.

In Schulbüchern steht, dass ein Kondensator prinzipiell aus zwei elektrisch leitenden Flächen besteht, zwischen denen sich ein sogenanntes *Dielektrikum* befindet (das sie voneinander isoliert). Im einfachsten Fall kann hier als Dielektrikum die Luft dienen.

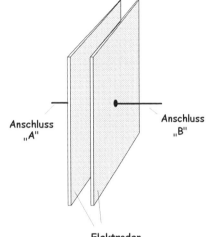

Elektroden
(z.B. Alu- oder Kupferbleche)

Ein ähnliches Prinzip wird noch bei Kondensatoren (Drehkondensatoren) angewendet, die in der Elektronik als Abstimmkondensatoren ausgeführt sind. Hier handelt es sich jedoch nicht um zwei Platten, sondern um mehrere dünne, die beliebig tief ineinander hineingedreht werden können. Dadurch verändert sich die sogenannte *Kapazität* des Kondensators, und man kann mit ihm z. B. eine Frequenz abstimmen.

Die zwei wichtigsten Parameter eines Kondensators sind seine Kapazität und seine maximal zulässige Betriebsspannung. Die Kapazität eines Kon-

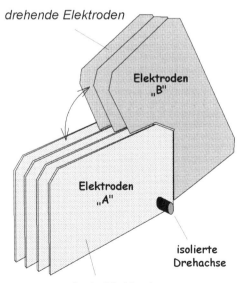

densators wird in *Farad* (F), *Mikrofarad* (μF), *Nanofarad* (nF) und *Pikofarad (pF)* angegeben.

1.000 pF = 1 nF, 1.000 nF = 1 μF und 1 μF = 0,000 001 F (Farad).

Die zulässige Betriebsspannung wird meist direkt auf die Kondensatoren aufgedruckt. Auf Elektrolytkondensatoren ist – ähnlich wie z. B. auf Batterien – immer auch die Anschlusspolarität angegeben.

Die meisten handelsüblichen *nicht polaritätsabhängigen* Kondensatoren werden nach einem Prinzip hergestellt, das an die Herstellung von Zigarren erinnert: Zwischen zwei Aluminiumfolien wird als *Dielektrikum* z. B. eine Kunststofffolie eingelegt, der ganze Streifen wird dann einfach wie eine Zigarre zusammengerollt und danach in beliebigen Kunststoff eingegossen. Anders als bei der Zigarre muss der Hersteller hier allerdings an jede der zwei Folien ein Drähtchen anbringen, denn ein Kondensator benötigt – ähnlich wie ein jeder intakte Widerstand – auch zwei Anschlüsse.

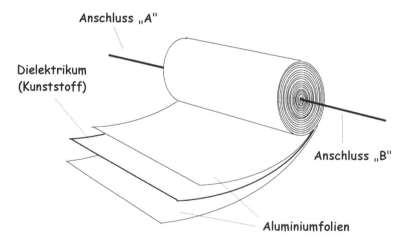

Wie bereits erwähnt wurde, sind die Formen der Kondensatoren sehr unterschiedlich. Zudem teilen sie sich auch noch in solche, die *polaritätsunabhängig* angeschlossen werden dürfen, und in solche, bei denen unbedingt auf die richtige Polarität geachtet werden muss (andernfalls wird der Kondensator vernichtet oder funktioniert nicht).

Beruhigend ist jedoch, dass sowohl in elektronischen Schaltplänen als auch auf den meisten gängigen Kondensatoren die Polarität angegeben ist. Auch aus den Schaltzeichen der Kondensatoren geht hervor, ob sie polarität*sunabhängig* oder polarität*sabhängig* angeschlossen werden müssen. Zu den letzteren gehören vor allem *Elektrolyt-* und *Tantalkondensatoren.* Sie sind mit der Plusseite immer in Richtung der Plusspannung und mit der Minusseite in Richtung der Minusspannung (oder Masse) anzuschließen. Ansonsten können sie platzen.

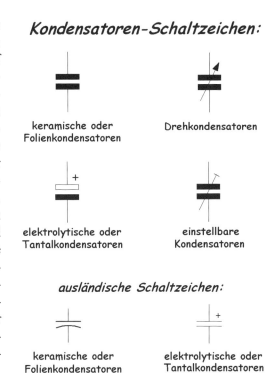

Kondensatoren-Schaltzeichen:

keramische oder Folienkondensatoren

Drehkondensatoren

elektrolytische oder Tantalkondensatoren

einstellbare Kondensatoren

ausländische Schaltzeichen:

keramische oder Folienkondensatoren

elektrolytische oder Tantalkondensatoren

Früher hatten fast alle Kondensatoren die Form einer Zigarre oder ähnelten einem Widerstand „mit Übergewicht". Moderne Kondensatoren haben oft einen flachen Körper, aber werden – soweit es sich um Folienkondensatoren handelt – auf eine ähnliche Weise wie die runden Kondensatoren „zusammengerollt" oder wie die Blätter eines Buchs zusammengesetzt.

Die meisten *elektrolytischen Kondensatoren* sind immer noch rund. Sie werden ähnlich hergestellt wie die „gerollten" Folienkondensatoren, haben als Dielektrikum aber kein festes Material, sondern nur einen Elektrolyt. Er muss die zwei Aluminiumfolien (die zwei Pole des Kondensators) isoliert voneinander halten. Das gelingt ihm nur dann, wenn er auch polaritätsgerecht angeschlossen wird. Ein solcher elektrolytischer Kondensator darf auf keinen Fall an eine Wechselspannung angeschlossen werden. Da brennt sein Dielektrikum sofort durch und er ist nicht mehr brauchbar.

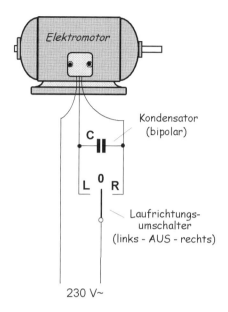

Kondensator
(bipolar)

Laufrichtungs-
umschalter
(links - AUS - rechts)

230 V~

Der Vollständigkeit halber ist an dieser Stelle darauf hinzuweisen, dass es auch spezielle *bipolare* elektrolytische Kondensatoren gibt, die polaritätsunabhängig sind und auch an Wechselspannung angeschlossen werden dürfen. Genau genommen sind sie für Wechselspannung bestimmt. Sie werden in der Elektrotechnik als Motorenkondensatoren, in der Audiotechnik vor allem als Tonfrequenzkondensatoren für Frequenzweichen angewendet.

Als „kleine Brüderchen" der Folienkondensatoren gibt es auch noch diverse keramische Kondensatoren. Sie werden mit Vorliebe dort eingesetzt, wo Platz sparend gearbeitet werden soll, oder wenn sie laut Schaltplan erwünscht sind.

Als weitere „kleine Brüderchen" der Elektrolytkondensatoren verdienen noch die *Tantalkondensatoren* Aufmerksamkeit. Sie haben kleine Abmessungen, sind polaritäts*abhängig*, eignen sich jedoch nur für relativ niedrige Spannungen (aus den Herstellerangaben gehen die jeweiligen max. Arbeitsspannungen hervor).

Bei den meisten Kondensatoren wird als maximale Spannung nur die Gleichspannung angegeben. Ausnahmsweise – u. a. bei einigen speziellen *Styroflexkondensatoren* – gibt der Hersteller beide Spannungsarten an, z. B.: Nenngleichspannung 63 V, Wechselspannung 25 V.

Die Toleranz der meisten Kondensatoren liegt bei 10 bis 20 %, sie kann aber u. a. auch – besonders bei keramischen Scheibenkondensatoren – kapazitätsabhängig z. B. zwischen 5 % (bei kleinen Kapazitäten) und ca. 50 % (bei großen Kapazitäten) liegen. Elektrolytkondensatoren werden oft mit Toleranzen von etwa –20 % bis + 50 % gefertigt (soweit im Katalog nicht andere Toleranzen angegeben werden).

Die *Frequenzabhängigkeit* des Kondensators wird auch beim Bau von Lautsprecherfrequenzweichen benutzt. Möchte man beispielsweise die meist dürftige Klangqualität eines Fernsehers durch zwei externe Lautsprecherboxen mit je einem *Breitband-* und einem *Hochtonlautsprecher* verbessern, können die Hochtöner über einen Kondensator parallel zu den Breitbandlautsprechern angeschlossen werden. Der Breitbandlautsprecher sollte die tiefen und die mittleren Töne gut wiedergeben können. Die Kapazität des Kondensators C

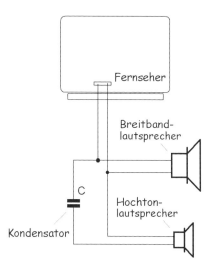

(die zwischen ca. 1 µF und 4,7 µF/35 V liegen wird) sollte so gewählt werden, dass die Lautstärke des Hochtonlautsprechers richtig dosiert wird.

Die Aufgabe des Kondensators – der als ein bipolarer Kondensator ausgelegt sein sollte – besteht hier darin, dass er nur die höheren Tonfrequenzen an den Hochtöner durchlässt; für niedrigere Tonfrequenzen bildet er eine Sperre. Je höher seine Kapazität, desto lauter werden die hohen Frequenzen (scharfen Töne) hörbar. Das Klangspektrum des angewendeten Breitband-Lautsprechers ist natürlich für die Ausgewogenheit der Klangwiedergabe bestimmend. Je besser der Breitbandlautsprecher selbst auch einen Teil der höheren Töne wiedergeben kann, umso leiser sollte der Hochtöner mitwirken (umso niedriger muss die Kapazität des Kondensators C sein).

Der Buchstabe „C" steht als internationales Symbol für einen Kondensator – ähnlich wie das „R" für einen Widerstand. Mit diesen beiden Buchstaben werden üblicherweise die Kondensatoren und Widerstände in den Schaltplänen bezeichnet.

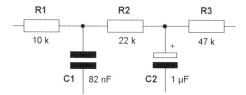

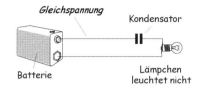

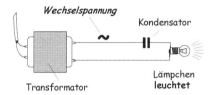

Ein Kondensator, der z. B. zwischen eine Gleichspannungsstromquelle (Batterie) und ein Glühlämpchen angeschlossen wird, lässt keinen Strom durch. Bei einer Wechselspannung zeigt er sich dagegen kooperativ und lässt sie durch. Je höher die Frequenz der Wechselspannung und je höher die Kapazität des Kondensators ist, desto besser lässt ein Kondensator die Wechselspannung durch.

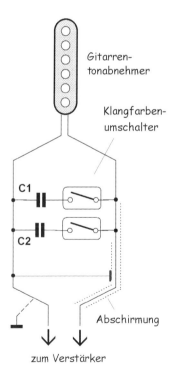

Ein Kondensator kann z. B. auch für die Klangregelung eines Gitarrentonabnehmers verwendet werden. In dem hier aufgeführten Beispiel werden zwei unterschiedlich große Kondensatoren mittels zwei zusätzlichen Minischaltern parallel zu dem Tonabnehmer zugeschaltet. Sie schließen die hohen harmonischen Frequenzen (die Schärfen) gegen Masse kurz, wodurch der Gitarrenklang wärmer („runder") wird. Je höher die Kapazität des kurzschließenden Kondensators ist, desto wärmer – aber allerdings auch etwas leiser – wird der Klang. Die optimale Kapazität der Kondensatoren kann experimentell ermittelt werden. Die hier angegebenen Werte sind nur als Richtwerte zu betrachten, die sowohl an den Tonabnehmer als auch an den subjektiven Geschmack beliebig angepasst werden können.

C1 = 680 pF bis 15 nF
C2 = 10 nF bis 68 nF

Eine gleitende Klangfarbenregelung kann mithilfe eines Potenziometers bewerkstelligt werden (was ein zusätzliches Einbauen vereinfacht). Eine solche Lösung wird bei E-Gitarren auch professionell angewendet. Da es sich hier um eine Klangregelung handelt, die „physiologisch" der Unlinearität des menschlichen Ohrs angepasst werden soll, ist hier ein „logarithmisches" „Potenziometer einem „linearen" Potenziometer vorzuziehen (alle Potenziometer werden normalerweise in diesen zwei Ausführungen konzipiert).

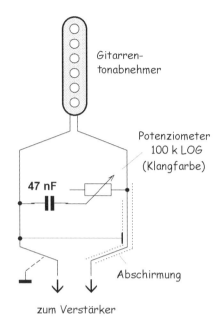

Die sogenannten *„Entstör-Kondensatoren"* bilden eine separate Gruppe in der Kondensatorenfamilie. Sie werden u. a. dazu benutzt, dass sie z. B. einen Netzschalter entstören. Die Entstörung findet – populär interpretiert – dadurch statt, dass der Entstörkondensator den Funken dämpft (schluckt), der beim Schließen oder Öffnen der Kontakte entsteht. Nicht entstörte Netzschalter verursachen den bekannten störenden „Schaltklick" im laufenden Radio oder Fernseher.

Als Energiespeicher wird ein Kondensator auf verschiedenste Arten verwendet. Ein einfaches Experiment der Energiespeicherung kann nach dem auf folgender Seite abgebildeten Beispiel

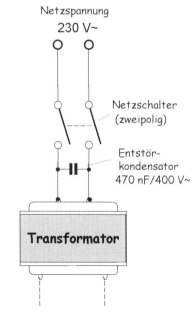

vorgenommen werden: Wird z. B. parallel zu einer Leuchtdiode ein Elektrolytkondensator angeschlossen, leuchtet sie beim Einschalten des Schalters

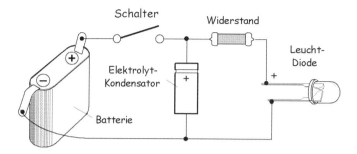

gleitend auf und erlischt wieder gleitend nach Abschalten des Schalters. Von der Kapazität des Kondensators hängt die Dauer des gleitenden Auf- und Ausleuchtens ab (alles über Leuchtdioden werden Sie in Kap. 16 finden).

Die Fähigkeit eines Kondensators, elektrische Energie zu speichern, wird bei Netzgeräten und Netzteilen genutzt. Der Kondensator, der in dieser Funktion als *Glättungskondensator* oder *Ladekondensator* bezeichnet wird, fängt die gleichgerichteten Spannungspulse auf und glättet sie in einem erforderlichen Umfang. Je größer seine Kapazität und je kleiner die Stromabnahme, desto besser wird die ihm zugeführte pulsierende Gleichspannung geglättet (siehe hierzu auch Kap. 14 und 15).

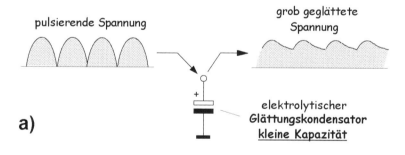

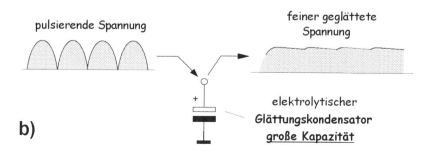

Kondensatoren mit sehr hohen Kapazitäten (von ca. 1–22 Farad) werden als echte Energiespeicher in elektronischen Geräten verwendet, um z. B. bei Stromunterbrechungen die Datenverluste in Speicher-Chips zu vermeiden.

Je höher die Kapazität dieser Speicherkondensatoren ist, desto mehr elektrische Energie können sie speichern und fungieren somit im Prinzip ähnlich wie kleine Akkus. Vom Dielektrikum dieser Energiespeicher hängt dann ihre Selbstentladung ab, deren Höhe je nach Typ sehr unterschiedlich ist, aber in den technischen Daten nicht angegeben wird. Das folgende Beispiel zeigt eine Anwendungsmöglichkeit dieser Energiespeicher. Die meisten der handelsüblichen Speicherkondensatoren (Gold-Caps) sind nur für kleinere Spannungen (Gleichspannungen) ausgelegt. In diesem Beispiel sind zwei Gold-Caps in Reihe geschaltet, wodurch sich die maximal zulässige Betriebsspannung des Gold-Cap-Duos theoretisch auf ca. 4,6 V erhöht.

Solarelektrisch geladene Gold-Cap-Speicherkondensatoren (Beispiele):

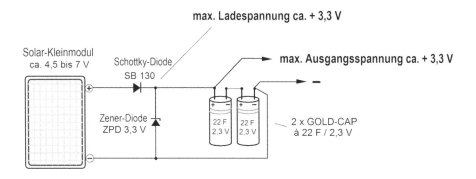

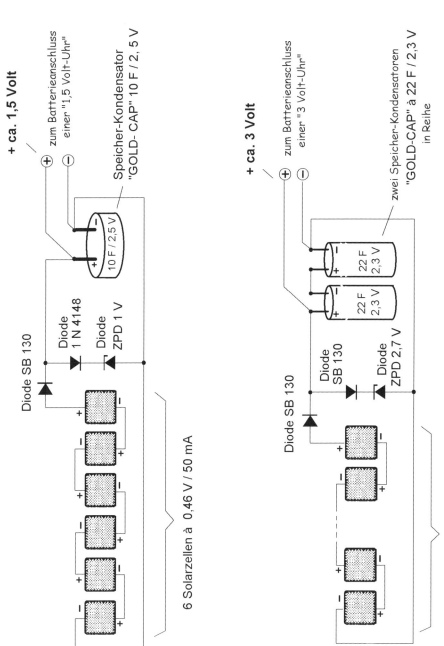

+ ca. 1,5 Volt

zum Batterieanschluss einer "1,5 Volt-Uhr"

⊕ ⊖

Speicher-Kondensator "GOLD-CAP" 10 F / 2,5 V

10 F / 2,5 V

Diode SB 130

Diode 1 N 4148

Diode ZPD 1 V

6 Solarzellen à 0,46 V / 50 mA

+ ca. 3 Volt

zum Batterieanschluss einer "3 Volt-Uhr"

⊕ ⊖

zwei Speicher-Kondensatoren "GOLD-CAP" à 22 F / 2,3 V in Reihe

22 F 2,3 V

22 F 2,3 V

Diode SB 130

Diode SB 130

Diode ZPD 2,7 V

ca. 10 bis 12 Solarzellen à 0,46 V / 20 - 50 mA

11 Spulen und Drosseln

Spulen und Drosseln bilden im Prinzip den „Dritten im Bunde" bei den Grundbausteinen der Elektrotechnik, zu denen die bereits behandelten Widerstände und Kondensatoren gehören. Einige der Spulenanwendungen lernten Sie bereits im 3. Kapitel (Elektromagnetismus) kennen. Das waren jedoch nur wenige „Kostproben" dessen, was sich mit einer Spule bewerkstelligen lässt. Nun sehen wir uns kurz noch an, wozu sich Spulen sonst noch eignen.

Die gängigsten Spulenschaltsymbole zeigt die nebenstehende Abbildung.

Spulen-Schaltzeichen:

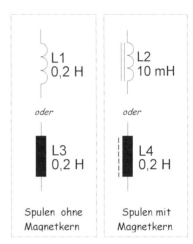

ältere Schaltzeichen

Als das internationale Symbol für eine Spule (Induktivität) wird der Buchstabe „L" verwendet. Bei Widerständen ist es der Buchstabe „R", bei Kondensatoren der Buchstabe „C". Die Induktivität einer Spule wird in „H" (Henry), „mH" (Millihenry) oder bei sehr winzigen Spulen „μH" (Mikrohenry) angegeben. Es handelt sich auch

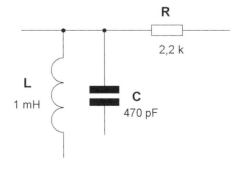

hier um ähnliche Abstufungen wie bei Metern, Millimetern und Mikrometern.

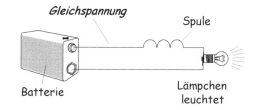

Interessant an einer Spule ist, dass sie sich in einer elektrischen Schaltung dem Kondensator genau umgekehrt verhält: Für den Gleichstrom verhält sie sich als normaler „Leiter", für den Wechselstrom bildet sie dagegen einen Widerstand, der mit der ihr zugeführten Frequenz und mit der Spuleninduktivität wächst.

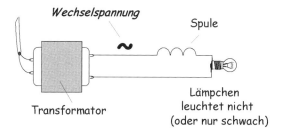

Man spricht von einer *Drossel- und Sperrwirkung* einer Spule für Wechselströme. Als *Drossel* werden Spulen bezeichnet, die speziell für das Drosseln (Herausfiltrieren) von z. B. Störimpulsen im Netz bestimmt sind.

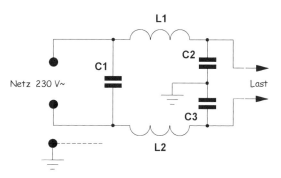

Die spezielle Eigenschaft der Spule, höheren Frequenzen einen Durchlass zu verweigern, wird in handelsüblichen Netzfiltern mit der Eigenschaft der Kondensatoren, hohe Frequenzen kurzzuschließen, kombiniert. Die Spulen (Drosseln) L1 und L2 lassen die hohen, störenden Frequenzen nicht durch (fast nicht durch) und die Kondensatoren C1, C2 und C3 „filtrieren" sie gleichzeitig noch heraus. Eine solche „doppelt gemoppelte" Lösung ist deshalb erforderlich, weil weder die Wirkung der Drosseln, noch die der Kondensatoren hundertprozentig ist. Durch die Kombination beider Prinzipien wird hier ein zufriedenstellendes Ergebnis erzielt.

Solche Störimpulse zeigen sich auf dem Bildschirm eines Oszilloskops als haardünne Nadeln, die an der sinusförmigen Netzfrequenz wie die Zecken an einer Katze sitzen und Funktionen der angeschlossenen Geräte (PC, Fernseher, Radio) stören.

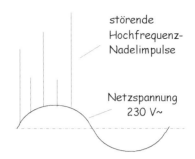

Ähnlich wie bei dem vorhergehenden Netzfilter wirken sich Spulen und Kondensatoren auch in konventionellen Frequenzweichen aus. Auch hier spielen sich die Eigenschaften der Kondensatoren und der Spulen in die Hand und „stellen die Weichen" für ausgewählte Frequenzbereiche. So drosselt bei einer einfachen *Zweiwege-Frequenzweiche* (die nur für zwei Lautsprecher ausgelegt ist) die Spule die hohen Frequenzen zu dem Breitbandlaut-

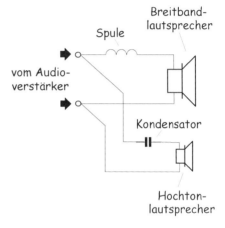

sprecher ab, und der Kondensator verhindert wiederum, dass die tieferen Frequenzen zu dem Hochtonlautsprecher durchdringen können.

Noch interessanter ist die professionelle Dreiwege-Frequenzweiche von Philips, die auf der folgenden Seite (130) abgebildet ist. Sie sieht zwar auf den ersten Blick etwas kompliziert aus, ist aber genauso leicht durchschaubar wie eine Straßenkreuzung mit gut ausgeschilderten Fahrtrichtungen. Wir haben hier – der besseren Übersicht wegen – einige der Kreuzungen mit Punkten versehen, auf die wir uns bei der Erklärung der Funktionsweise beziehen können: An der ersten Kreuzung (A) sollte sich das Audio-Signal in zwei Bahnen teilen: Die obere Bahn ist für „kleinere Pkw" (= höhere Frequenzen), die untere für „Laster" (tiefe Frequenzen) vorgesehen. Wir wissen, dass eine Spule hohe Frequenzen nicht gut durchlässt. Daher bildet die Spule L1 eine Sperre für höhere Frequenzen und lässt zu dem Basslautsprecher nur die tieferen Frequenzen durch. Kondensator C1 schließt die restlichen hohen Frequenzen, die durch L1 durchgedrungen sind, gegen die Masse kurz. Somit erhält der Basslautsprecher nur (oder „so gut wie nur") die

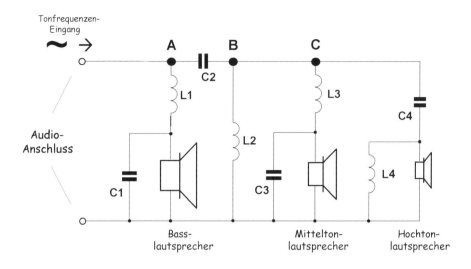

für ihn vorgesehenen tiefen Töne. Kondensator C2 bildet eine „Straßensperre" für die tiefsten Frequenzen, die nur für den Basslautsprecher vorgesehen sind. Die „dennoch" durch den C2 durchgedrungenen tiefen Frequenzen schließt die Spule L2 gegen die Masse kurz. Auf diese Weise ist dafür gesorgt, dass vom Punkt B zu den weiteren zwei Lautsprechern nur noch die mittleren und hohen Töne weitergeleitet werden. Diese teilen sich auf der Kreuzung C wieder in zwei „Fahrtrichtungen": Die mittleren Frequenzen werden zum Mitteltonlautsprecher geleitet, wobei L3 verhindert, dass er keinen zu hohen Anteil von den höchsten Frequenzen bekommt, und C3 schließt auch hier die restlichen „zu hohen" Frequenzen gegen die Masse kurz. Die Kapazität von C4 ist so gewählt, dass er nur die hohen Frequenzen an den Hochtonlautsprecher durchlässt. Die Spule L4 schließt hier die Reste der durchgedrungenen tiefen Frequenzen gegen die Masse kurz.

Frequenzweichen für den Selbstbau von Lautsprecherboxen sind auch als Einbau-Fertigplatinen erhältlich *(Foto: Conrad Electronic):*

Anhand der vorhergehenden Beispiele wurde die „Verhaltensweise" der Spulen erklärt. Es dürfte noch angesprochen werden, dass in der Elektrotechnik sowohl Spulen ohne einen magnetisch leitenden Kern (Luftspulen) als auch Spulen mit einem solchen verwendet werden. Die Induktivität einer Spule steigt mit der Anzahl ihrer Windungen, aber sie steigt zudem enorm, wenn die Wicklung einen magnetisch leitenden Kern (z. B. einen Ferritkern) erhält.

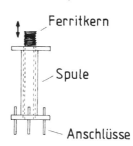

In der Audio- und Funktechnik werden oft kleine Spulen mit Ferritkernen verwendet, die mit einem Schraubendreher verstellbar sind – womit die Induktivität der Spule genauestens eingestellt werden kann:

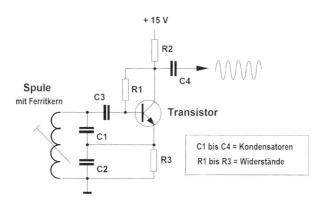

Wenn zwei oder mehrere Spulen auf einen gemeinsamen, magnetisch leitenden Kern aufgewickelt werden, können sie auf verschiedene Weise aufeinander Einfluss nehmen. Von dieser Eigenschaft profitieren auch Transformatoren.

12 Transformatoren

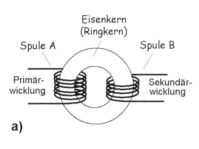

Eisenkern
(Ringkern)

Spule A

Spule B

Primär-
wicklung

Sekundär-
wicklung

a)

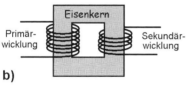

Eisenkern

Primär-
wicklung

Sekundär-
wicklung

b)

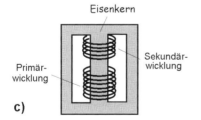

Eisenkern

Sekundär-
wicklung

Primär-
wicklung

c)

Transformatoren (Trafos) sind im Grunde genommen nichts anderes als zwei oder mehrere Spulen an einem gemeinsamen magnetisch leitenden Kern. Das kann ein Kern aus gebündelten (zusammengeschraubten) dünnen Trafoblechen (Dynamoblechen) oder aus Ferrit sein, der ringförmig oder viereckig ausgelegt ist und dem elektromagnetischen Fluss einen geschlossenen Kreislauf ohne jegliche Luftspalten ermöglicht. Von den hier abgebildeten drei Formen werden für die professionell hergestellten Transformatoren überwiegend Ringkerntransformatoren nach a) und rechteckige Transformatoren nach c) verwendet (s. Abb. links).

Ringkerntransformatoren haben gegenüber Transformatoren mit rechteckigem Kern viele Vorteile, zu denen ein niedrigeres Gewicht, kleinerer Raumbedarf, ein etwas höherer Wirkungsgrad und ein geringeres magnetisches Streufeld gehören. Sie sind jedoch teurer als die rechteckigen Transformatoren und werden daher seltener angewendet als rechteckige Transformatoren.

Die Schaltzeichen sind für alle Transformatoren gleich – ohne Rücksicht auf die eigentliche Ausführung oder Anwendung:

Die meisten Transformatoren werden als sogenannte *Netztransformatoren* konzipiert. Sie sind dazu bestimmt, die Netzspannung (von 230 V~) in eine niedrigere – gelegentlich auch in eine höhere – Wechselspannung zu transformieren. Eine ähnliche Funktion haben auch große Transformatoren, die für hohe Spannungen ausgelegt sind. Sie dienen dazu, dass sie die hohen Spannungen der Energieversorgungsunternehmen in die 400-V~-Netzspannung der Haushalte transformieren (diese Transformatoren stehen in Wohngebieten in den Trafo-Häuschen).

Transformatoren-Schaltzeichen:

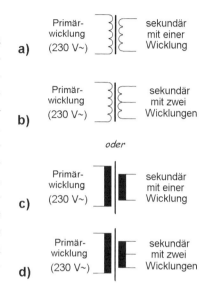

a) Primärwicklung (230 V~) — sekundär mit einer Wicklung

b) Primärwicklung (230 V~) — sekundär mit zwei Wicklungen

oder

c) Primärwicklung (230 V~) — sekundär mit einer Wicklung

d) Primärwicklung (230 V~) — sekundär mit zwei Wicklungen

Neben Netztransformatoren gibt es auch noch andere Arten von Kleintransformatoren, von denen die *Trenntransformatoren* und *Übertrager* am bekanntesten sind. Trenntransformatoren dienen zum galvanischen Trennen der Wechselspannung vom Netz. Übertrager dienen zur Datenübertragung in der Mess- und Regeltechnik zur Tonfrequenzübertragung usw.

Ein Transformator funktioniert nur dann, wenn er an Wechselstrom angeschlossen wird. In den meisten Fällen handelt es sich dabei um den Netzstrom, dessen Frequenz in Europa 50 Hz (Hertz) beträgt. Solche Transformatoren finden wir in den meisten netzbetriebenen elektronischen Apparaten, so in PCs, Radios, Fernsehern usw.

Der Transformator hat in der Regel nur eine einzige Eingangswicklung (Primärwicklung), die an die Netzspannung (230-V-Wechselspannung) angeschlossen wird, und beliebig viele Ausgangswicklungen (Sekundärwicklungen) an denen dann die gewünschten Ausgangswechselspannungen zur Verfügung stehen.

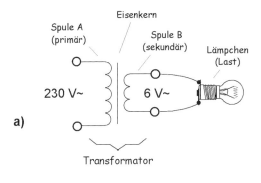

a)

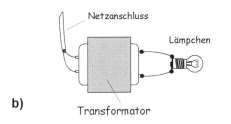

b)

Im einfachsten Fall hat ein solcher Trafo nur eine Primär- und eine Sekundärwicklung. Die Spannung am Sekundär des Trafos steht zu der Spannung am Primär im gleichen Verhältnis wie die Zahl der Windungen. Theoretisch. Bei einem preiswerten Eisenkerntrafo bleiben jedoch etwa 10 % der Energie als innere Verluste auf der Strecke. Um diese Verluste zu decken, bekommt die Sekundärwicklung des Trafos 10 % Windungen mehr, als dem reinen Spannungsverhältnis gerecht wäre. Die hier abgebildeten Beispiele zeigen einen Transformator (mit Lämpchen) als Schaltzeichen (Beispiel a) und alternativ „in natura" (Beispiel b).

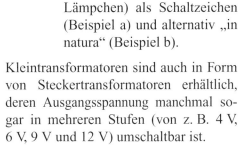

Kleintransformatoren sind auch in Form von Steckertransformatoren erhältlich, deren Ausgangsspannung manchmal sogar in mehreren Stufen (von z. B. 4 V, 6 V, 9 V und 12 V) umschaltbar ist.

Der Fachhandel bietet aber auch eine große Auswahl an verschiedenen kleineren Transformatoren mit typenbezogen abgestuften Sekundärspannungen und Sekundärleistungen an.

Ausführungsbeispiel eines kleinen Print-Transformators der Type *EI 30 – 1,5 VA*.

Abmessungen: (L × B × H) 32 × 27 × 24 mm

Bestell-Nr.	primär	sekundär	Gewicht
50 60 44	230 V	6 V/250 mA	80 g
50 60 52	230 V	9 V/166 mA	80 g
50 60 60	230 V	12 V/125 mA	80 g
50 60 79	230 V	15 V/100 mA	80 g
50 60 87	230 V	18 V/83 mA	80 g
50 60 95	230 V	24 V/62 mA	80 g
50 61 09	230 V	2 × 6 V/125 mA	80 g
50 61 17	230 V	2 × 9 V/83 mA	80 g
50 61 25	230 V	2 × 12 V/62 mA	80 g
50 61 33	230 V	2 × 15 V/50 mA	80 g

Diese Tabelle zeigt nur eines von vielen Beispielen, wie Kleintransformatoren in Katalogen angeboten werden (aus dem Katalog von *Conrad Electronic*).

Bei der Anschaffung eines Trafos interessieren uns (neben seinen Abmessungen) hauptsächlich die Katalogangaben über seine Sekundärspannung(en) und den Sekundärstrom/-ströme (die bei mehreren Sekundärwicklungen unterschiedlich sein können). So kann z. B. aus den technischen Daten eines Trafos hervorgehen, dass er an seinem Sekundär zwei Spannungen hat: 12 V/3 A und 24 V/0,5 A.

So mancher preisgünstige Restpostentrafo kann auch eine Vielzahl von Spannungen haben, von denen wir vielleicht nur einige benötigen. Die restlichen Sekundärausgänge werden einfach nicht benutzt (sie bleiben „offen").

Zu den allgemein bekannten Kleintransformatoren gehört der Klingeltransformator:

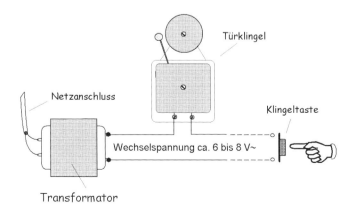

Universaltransformatoren verfügen über mehrere Sekundärspannungen:

Bei Bedarf können z. B. für experimentelle Zwecke auch mehrere Transformatoren in Reihe verschaltet werden, um gewünschte sekundäre Ausgangsspannungen zu erhalten:

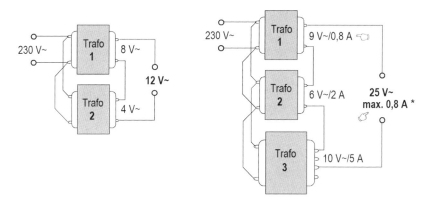

* Für die Stromabnahme gilt das Prinzip des schwächsten Gliedes (der schwächsten Sekundärwicklung).

13 Halbleiterdioden

Halbleiterdioden gehören zu den wichtigen Bausteinen der Elektrotechnik. Bis auf seltenere Ausnahmen handelt es sich bei den gängigen Dioden um *Siliziumdioden*. Zwei der gängigsten Diodenausführungen zeigt die nebenstehende Abbildung.

Zwei gebräuchliche Diodenschaltzeichen:

Germaniumdioden, die als Vorgänger der Siliziumdioden bekannt sind, werden wegen einiger ihrer speziellen Eigenschaften auch heute noch gelegentlich verwendet – z. B. als Kleinsignaldioden zur Gleichrichtung von kleinen Wechselspannungen oder für diverse Spezialaufgaben in der HF-Technik. Neben dem Vorteil einer niedrigeren Kapazität, die besonders in der HF-Technik von großer Bedeutung ist, hat eine Germaniumdiode noch den Vorteil einer niedrigeren Durchlassspannung (Verlustspannung) von etwa 0,25 V – gegenüber der Durchlassspannung einer „normalen" Siliziumdiode, die meistens zwischen ca. 0,65 V und 1 V liegt.

Spannungsverluste in Dioden:

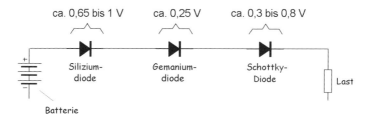

Die Schutzdiode verhindert hier, dass sich der Akku über das Solarmodul entlädt, wenn die jeweilige Solarspannung niedriger ist, als die Akkuspannung:

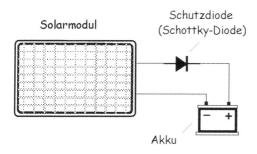

Auch die *Schottky-Diode* verdient hier angemessene Aufmerksamkeit: Diese Spezialdiode hat anstelle des üblichen PN-Übergangs einen Metall-Halbleiterübergang mit einer Schottky-Sperrschicht dazwischen. Abgesehen davon, dass sie dadurch in HF-Schaltungen flinker reagiert, beträgt bei den meisten Typen die Durchlassspannung nur 0,3 V und ist somit annähernd so niedrig wie bei einer *Germaniumdiode*. Diesen Vorteil macht man sich z. B. in der Photovoltaik zunutze, um den unvermeidlichen Spannungsverlust in der Diode auf ein Minimum zu beschränken (einige der Schottky-Dioden weisen jedoch typenbezogen eine Durchlassspannung von bis zu etwa 0,8 V auf und sind daher nicht für solche Vorhaben geeignet).

Die Diodendurchlassspannungen sind zwar abhängig von dem Strom, der durch die Diode gerade fließt, aber dieser Aspekt verdient nur dort Aufmerksamkeit, wo der Spannungsverlust einen erhöhten Stellenwert hat. Das betrifft z. B. auch die so genannten *Brückengleichrichter,* bei denen die Diodensperrspannung einen Spannungs- und Leistungsverlust verursacht, auf den wir in Zusammenhang mit Netzteilen noch zurückkommen werden. Manchmal wird aber der durch die Durchlassspannung verursachte Spannungsverlust in Halbleiterdioden gezielt angewendet, um eine unerwünscht hohe Spannung etwas zu reduzieren (siehe hierzu auch Kap. 16).

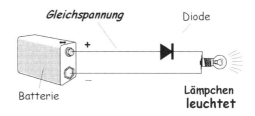

Bei vielen Anwendungen werden Dioden als *Spannungssperren* verwendet, die die Gleichspannung nur in einer Richtung (von Plus zu Minus) durchlassen.

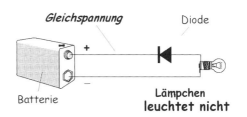

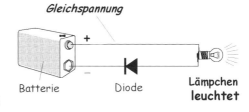

Bei solchen Anwendungen spielt es keine Rolle, an welcher Stelle in dem Gleichstromkreislauf die Diode eingelötet ist.

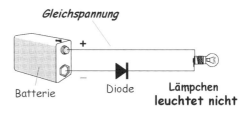

Wird an die Anode einer Diode Wechselspannung angeschlossen, lässt die Diode zu ihrer Kathode nur die positiven Halbwellen der Wechselspannung durch, die somit als positive Spannungsimpulse weitergeleitet werden.

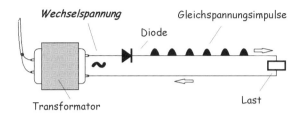

Wird eine Diode an einen Transformator angeschlossen, wandelt sie seine Wechselspannung in eine pulsierende Gleichspannung um (siehe hierzu auch Kap. 14).

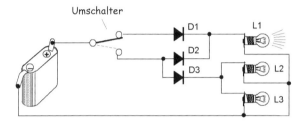

Mithilfe von drei Dioden kann beispielsweise ein kombiniertes Schalten von drei Lämpchen bewerkstelligt werden: Steht der Umschalter in der eingezeichneten Position, erhält nur das Lämpchen L1 seine Versorgungsspannung über Diode D1. Wird der Umschalter nach unten umgeschaltet, erhält das Lämpchen L1 seine Versorgungsspannung über Diode D2 ebenfalls, aber gleichzeitig erhalten Lämpchen L2 und L3 ihre Versorgungsspannung über Diode D3 (in diesem Fall leuchten dann alle drei Lämpchen).

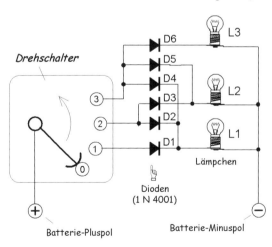

Alternativ können mit einem vierstufigen Umschalter (Drehschalter) drei Lämpchensektionen umgeschaltet werden: Über Diode D1 wird nur Lämpchen 1 eingeschaltet (Schaltposition 1). In Schaltposition 2 schaltet der Drehschalter über die Dioden D2 und D3 sowohl das Lämpchen 1, als auch das Lämpchen 2 ein. In Position 3 schaltet der Drehschalter über Dioden D4, D5 und D6 alle drei Lämpchen ein.

Auf eine ähnliche Weise können z. B. beliebige leuchtende Anzeigen mithilfe von Dioden ausgelegt werden. In diesem Beispiel wird so die Richtung eines leuchtenden Pfeils gewechselt. Wie aus der Schaltung ersichtlich ist, wird durch die Anwendung der Dioden das mittlere Feld des Pfeils (mit den vier Lämpchen M) für beide Pfeilrichtungen genutzt. Über die Dioden D1 oder D4 erhält wahlweise entweder die Lämpchensektion L oder die Sektion R ihre Versorgungsspannung.

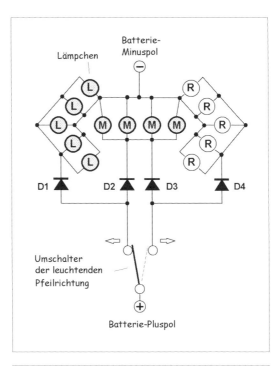

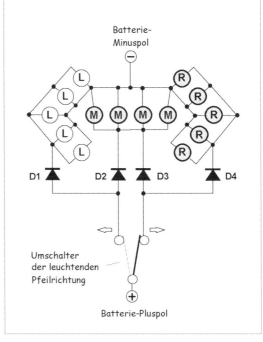

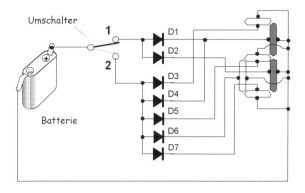

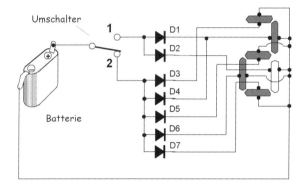

Auch Leuchtdiodenanzeigen (LED-Anzeigen) oder sogenannte *Leuchtdioden-Punktmatrixmodule* können mithilfe von Dioden nach dem hier aufgeführten Prinzip gesteuert werden. Steht der Umschalter in Position 1, erhalten die zwei LED-Segmente der Zahl 1 über die Dioden D1 und D2 ihre Versorgungsspannung. Wird der Umschalter in Position 2 umgeschaltet, erhalten die Segmente der Zahl 2 ihre Spannung über die Dioden D3 bis D7. Die obere Hälfte der Ziffer 1 wird auch für die Ziffer 2 benötigt und muss daher in beiden Fällen aufleuchten. Sie erhält ihre Versorgungsspannung wahlweise über Diode D1 oder D4. Auf die gleiche Weise könnten mit einem mehrstufigen Umschalter und mit einer erweiterten „Diodenmatrix" auch mehrere leuchtende Ziffern gesteuert werden.

Es spielt dabei keine Rolle, ob die eigentliche Umschaltung manuell oder elektronisch zustande kommt. Und selbstverständlich ist es nur eine Frage des Anliegens (und der Geduld), in welchem Umfang ein solches „Projekt" ausgebaut oder modifiziert wird. Wir haben uns hier in unserem Beispiel einfachheitshalber damit zufriedengegeben, dass nur zwei unterschiedliche Zahlen (1 und 2) umgeschaltet werden. Die eigentlichen Segmente sind bei handelsüblichen LED-Anzeigen mit Leuchtdioden (LEDs) bestückt (siehe hierzu auch Kap. 16 – Leuchtdioden).

13.1 Zenerdioden

Zenerdioden (kurz „Z-Dioden") sind spezielle Siliziumdioden, die zur Stabilisierung einer Gleichspannung, zur Glättung (oder Nachglättung) einer pulsierenden Gleichspannung sowie auch zur Reduktion einer Gleichspannung konzipiert sind.

Z-Dioden werden grundsätzlich in *Sperrrichtung* betrieben. Die typenbezogene Zenerspannung gibt die Höhe der Spannung an, die an der Kathode Z-Diode (nach Beispiel a) festgehalten wird oder die die Z-Diode als konstante Spannung (nach Beispiel b) abfängt.

Schaltzeichen der Zenerdioden:

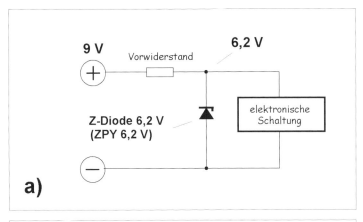

a)

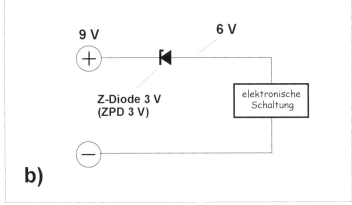

b)

Die Zenerspannung geht bei den meisten Zenerdioden bereits aus der Typenbezeichnung hervor: Eine Zenerdiode der Type *ZPD 6,2 V* hat eine „Zenerspannung" von ca. 6,2 V. Die äquivalente Bezeichnung kann bei einer kompatiblen Zenerdiode z. B. mit „6V2" angegeben werden (das „V" ersetzt hier das Komma).

Zenerdioden sind handelsüblich in folgenden abgestuften Zenerspannungs-Festwerten (in Volt) erhältlich:

1 – 2,4 – 2,7 – 3 – 3,3 – 3,6 – 3,9 – 4,3 – 4,7 – 5,1 – 5,6 – 6,2 – 6,8 – 7,5 – 8,2 – 9,1 – 10 – 11 – 12 – 13 – 15 – 16 – 18 – 20 – 22 – 24 – 27 – 30 – 33 – 36 – 39 – 43 – 47 – 51 – 56 – 62 – 68 – 75 – 82 – 91 – 100 – 110 – 120 – 130 – 150 – 160 – 180 – 200

Bei den normalen (und preiswerten) Zenerdioden stimmt üblicherweise die tatsächliche Zenerspannung nicht allzu genau mit dem überein, was die Typenbezeichnung verspricht. Bei nicht vorselektierten Zenerdioden ist mit Abweichungen von etwa ± 6 % bis ± 7 % zu rechnen. So kann z. B. die so genannte *Durchbruchspannung* (eine Spannung, die die Z-Diode „abfängt") einer 3,0-V-Zenerdiode zwischen 2,8 V und 3,2 V liegen usw.

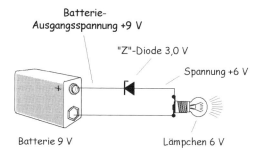

Batterie-Ausgangsspannung +9 V
"Z"-Diode 3,0 V
Spannung +6 V
Batterie 9 V
Lämpchen 6 V

Als Spannungsregler (oder „Spannungsschlucker") können Zenerdioden z. B. überall dort verwendet werden, wo für irgendeinen kleineren Verbraucher oder einen Schaltungsteil eine niedrigere Spannung als die zur Verfügung stehende Versorgungsspannung erwünscht ist. So kann z. B. ein 6-Volt-Glühlämpchen über eine 3-Volt-Z-Diode an eine 9-Volt-Batterie angeschlossen werden: Die Z-Diode schluckt „ihre" 3 Volt und lässt an das Lämpchen nur noch den Rest der ursprünglichen Spannung – also die eingezeichneten 6 Volt – durch (dies zwar nicht exakt, aber dennoch ausreichend genau).

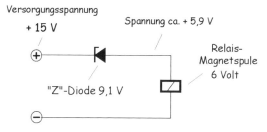

Versorgungsspannung
+ 15 V
Spannung ca. + 5,9 V
Relais-Magnetspule 6 Volt
"Z"-Diode 9,1 V

Eine ähnlich einfache Spannungsreduzierung kann z. B. auch angewendet werden, wenn ein elektromagnetisches Relais an eine Spannung angeschlossen werden soll, die wesentlich höher ist, als seine Magnetspule verkraften würde. Manchmal gibt es unter den Z-Dioden keine, die genau für das Abfangen der vorgesehenen Spannung ausgelegt ist, aber das macht in der Praxis meistens nichts aus. Das hier eingezeichnete 6-Volt-Relais wird erfahrungsgemäß ohnehin in einem breiteren Spannungsbereich (von etwa 5 V bis 8 V) reibungslos funktionieren.

Anstelle der 9,1-Volt-Z-Diode könnte bei dem Anliegen nach vorhergehendem Beispiel zu diesem Zweck auch die nächst „kleinere" 8,2-Volt-Z-Diode eingesetzt werden. Das Relais (die Relaisspule) bekäme dann eine Versorgungsspannung von

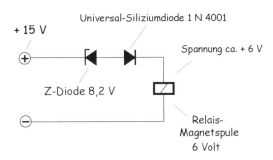

6,8 Volt. Das würde die Relais-Spule problemlos verkraften, aber es hätte eine Erhöhung des Strombedarfs zur Folge. Kein Problem: Hier kann in Reihe mit der Z-Diode noch eine zusätzliche „normale" Gleichrichterdiode eingelötet werden, die die überflüssigen 0,8 Volt (etwa 0,7 bis 0,9 V) als ihre Sperrspannung abfängt.

Mithilfe einer Z-Diode kann auch eine einfache solarelektrische Laderegelung erstellt werden: Der 4,8-Volt-Akku benötigt eine Ladespannung von max. 5,6 Volt. Das trifft sich gut, denn 5,6-Volt-Zenerdioden sind „handelsüblich". Die eingezeichnete Schottky-Diode hat mit der eigentli-

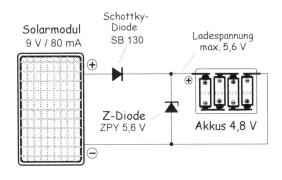

chen Laderegelung nichts zu tun. Wie bereits an anderer Stelle erklärt wurde, ist sie erforderlich, denn ohne sie würde sich der Akku über die Solarzellen entladen, sobald die Ausgangsspannung des Solarmoduls unter das Spannungsniveau des Akkus sinkt (was bei Dämmerung oder bewölktem Himmel geschieht).

14 Gleichrichter

Ein Gleichrichter wandelt Wechselspannung in Gleichspannung um. Dabei spielt es keine Rolle, welche Frequenz die Wechselspannung hat. Auch Audio- oder Hochfrequenzsignale können gleichgerichtet werden, wenn es erforderlich ist. Überwiegend werden aber Gleichrichter zur Umwandlung der Netzwechselspannung (von 50 Hertz) in Gleichspannung verwendet. Dabei wird nur selten die volle 230-Volt-Netzspannung, häufiger eine „herabtransformierte" (teilweise auch eine „herauftransformierte") Wechselspannung gleichgerichtet.

Von der Art der Spannungsquelle hängt ab, welche Art der Gleichrichtung angewendet werden kann. Unter dem Begriff „Art der Spannungsquelle" sind praktisch nur zwei Alternativen zu verstehen: Entweder handelt es sich

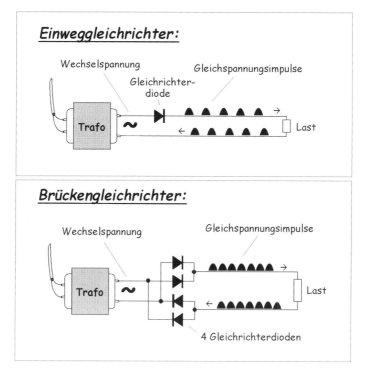

hier direkt um die 230 V~ aus der Steckdose oder um die Sekundärwicklung eines Transformators. Eine *Einweggleichrichtung* oder eine *Brückengleichrichtung* kann in beiden Fällen angewendet werden. Die *Gleichrichterdioden* müssen jeweils die vorgesehene Wechselspannung verkraften können. Es spielt aber keine Rolle, ob für die Gleichrichtung einer 10-Volt-Wechselspannung Gleichrichterdioden verwendet werden, die für eine Spannung von max. 100 Volt oder von z. B. max. 800 Volt ausgelegt sind. Wir haben in diesen Beispielen die „Wanderung" der Gleichspannungsimpulse in beiden Zweigen der Schaltkreise eingezeichnet – denn sie kehren schließlich in einem solchen elektrischen Kreislauf immer in ihre Spannungsquelle zurück.

Da bei einer Einweggleichrichtung jeweils nur die positiven Hälften der Wechselspannungswellen gleichgerichtet werden, entstehen zwischen den einzelnen Gleichspannungspulsen weite Lücken. Das Resultat ist ziemlich unbefriedigend und nur bedingt brauchbar. Dennoch wird diese Lösung bei manchen handelsüblichen Ladegeräten aus Kostengründen verwendet. Das Nachladen eines Akkus nimmt dann doppelt so viel Zeit in Anspruch wie das Laden mit z. B. positiven Spannungsimpulsen ohne Lücken – wie sie z. B. am Ausgang eines Brückengleichrichters zur Verfügung stehen.

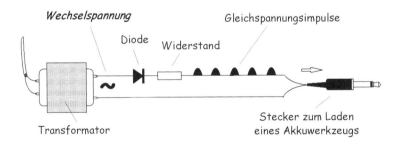

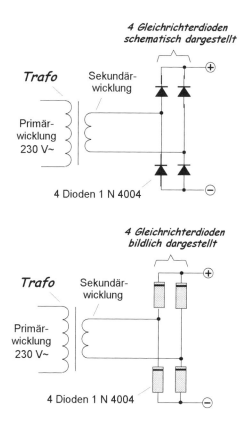

4 Gleichrichterdioden schematisch dargestellt

Trafo

Sekundärwicklung

Primärwicklung
230 V~

4 Dioden 1 N 4004

4 Gleichrichterdioden bildlich dargestellt

Trafo

Sekundärwicklung

Primärwicklung
230 V~

4 Dioden 1 N 4004

Ein Brückengleichrichter kann – wie abgebildet – leicht mit vier einzelnen Gleichrichterdioden erstellt werden, ist jedoch alternativ auch als ein kompakter Baustein erhältlich. Anstelle der hier eingezeichneten „1-Ampere"-Gleichrichterdioden der Type *1 N 4004* können auch „kräftigere" Leistungsdioden (z. B. 3-, 5- oder 6-Ampere-Typen verwendet werden, wenn von einem solchen Gleichrichter ein kräftiger Strom bezogen werden soll. In diesem Fall muss selbstverständlich auch die Sekundärwicklung des angewendeten Transformators für diese Stromabnahme ausgelegt sein. Genau genommen wird in der Praxis eine Trafosekundärwicklung verwendet, die für einen um 10 % bis 20 % höheren Nennstrom (laut Herstellertabelle) ausgelegt ist, als benötigt wird. Die vorgesehenen Gleichrichterdioden sollten für einen *Nennstrom* ausgelegt sein, der zumindest um ca. 1/3 höher ist als die tatsächlich vorgesehene maximale Stromabnahme.

Ein Brückengleichrichter, der – wie rechts auf S. 149 abgebildet – als ein kompakter Fertigbaustein konzipiert ist, erleichtert den Anschluss. Zudem sind in einem solchen Baustein die Gleichrichterdioden eingegossen und somit besser gekühlt, als wenn sie nur „nackt" ohne jegliche Kühlung ihre Aufgabe zu bewältigen haben. Ob sich solche ungekühlten Gleichrichterdioden nur mäßig erwärmen oder übermäßig aufheizen, hängt jedoch von ihrer Belastung und Nennleistung ab.

Wie wir bereits im Zusammenhang mit der Anwendung von Kondensatoren erwähnt haben, wird an den Gleichrichterausgang ein Elektrolytkondensator (Elko) angeschlossen, der als Glättungskondensator (Ladekondensator) die pulsierende Gleichspannung glättet odcr „vorglättet".

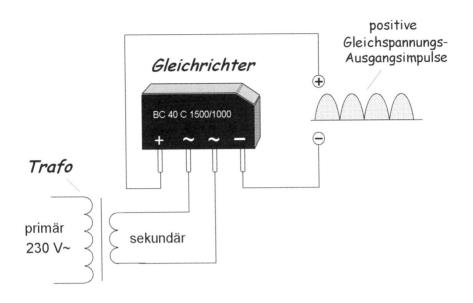

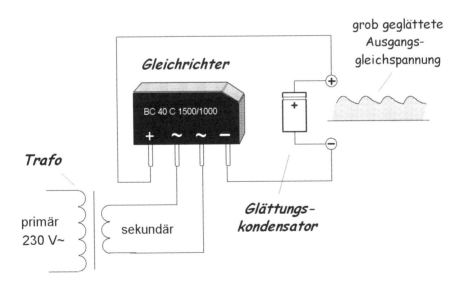

Eine wesentlich bessere Glättung der pulsierenden Gleichspannung wird erzielt, wenn an den ersten Glättungskondensator noch ein Widerstand und ein zweiter Glättungskondensator angeschlossen werden. Bei einer kräftigeren Stromabnahme wird hier jedoch der Widerstand zu einem „Heizkörper" und muss dementsprechend dimensioniert werden (evtl. als größerer Drahtwiderstand). In Hinsicht auf die günstigen Preise der Festspannungsregler wird die hier aufgeführte Spannungsglättung nur noch selten angewendet.

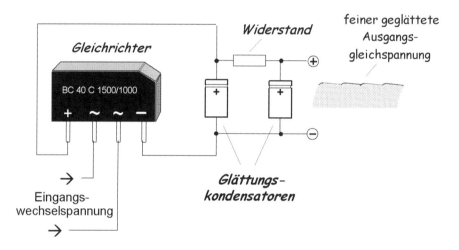

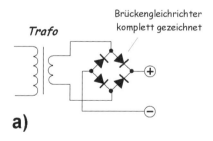

a)

In Schaltplänen wird der Brückengleichrichter meist auf eine von den zwei hier aufgeführten Weisen dargestellt.

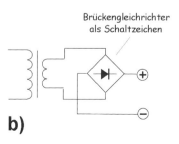

b)

Wenn der Netztransformator über zwei „symmetrische" Sekundärwicklungen (mit zwei gleichen Wechselspannungen) verfügt, kann der Gleichrichter das vorteilhafte Prinzip der *Mittelpunktschaltung* nutzen. Wir haben hier bei der Mittelpunktschaltung einfachheitshalber die zwei Gleichrichterdioden bildlich dargestellt (das erleichtert einem Einsteiger den Nachbau).

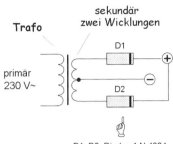

Die Glättung der Gleichspannungsimpulse wird bei der Mittelpunktschaltung auf die gleiche Weise vorgenommen wie bei einer Brückenschaltung.

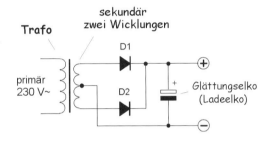

Die Mittelpunktschaltung wurde früher, als die Gleichrichter (Selen- oder Röhrengleichrichter) noch sehr teuer waren, mit Vorliebe verwendet. Als dann die Silizium-Gleichrichterdioden den Elektronikmarkt eroberten, haben sich die Brückengleichrichter durchgesetzt. Der Transformator brauchte dann nur eine einzige Sekundärwicklung, was zur Zeit der Handfertigung (von Transformatoren) die kostengünstigere Anwendung von vier Gleichrichterdioden befürwortete. Inzwischen gibt es jedoch nur selten Unterschiede zwischen den „Einzelhandelspreisen" der Transformatoren mit zwei Sekundärwicklungen und mit nur einer Sekundärwicklung (bei gleicher Ausgangsleistung). Das spricht wiederum für die Anwendung der Mittelpunktschaltung.

Der Vorteil einer Mittelpunktschaltung liegt nicht so sehr bei der Einsparung der Kosten für die zwei zusätzlichen Gleichrichterdioden oder für einen Brückengleichrichter, sondern bei der Einsparung des Spannungs- und Leistungsverlusts an den zwei entfallenen Dioden. Tatsächlich sinnvoll ist diese Lösung vor allem dann, wenn die Sekundärspannung des angewendeten Trafos ohnehin zu nah an dem erforderlichen Spannungsminimum liegt (siehe hierzu auch das nächste Kapitel).

15 Netzgeräte und Netzteile

Unter dem Begriff *Netzgerät* versteht man ein kompaktes „Fertiggerät" im Gehäuse. Es kann sich dabei auch nur um ein kleines Steckergehäuse handeln, wie wir es von diversen Miniladegeräten kennen, die u. a. als Zubehör von diversen Akkuwerkzeugen erhältlich sind. Die Bezeichnung *Netzteil* bezieht sich dagegen nur auf die Funktion und wird meist dann angewendet, wenn eine solche Spannungsquelle nur als ein „kahler" Bestandteil einer Schaltung beschrieben wird. Ein *Netzteil* wird zu einem *Netzgerät* befördert, indem es ein selbstständiges Gehäuse erhält. Ansonsten gibt es zwischen Netzgeräten und Netzteilen keinen Unterschied.

Ausführungsbeispiel eines stabilisierten Netzgeräts mit eingebautem Digital-Volt- und Amperemeter *(Foto: ELV)*.

Ausführungsbeispiel eines handelsüblichen stabilisierten Einbaunetzteils.

Handelsübliche Netzgeräte sind in drei Grundausführungen erhältlich:
a) als Wechselspannungsnetzgeräte
b) als nicht stabilisierte Gleichspannungsnetzgeräte
c) als stabilisierte Gleichspannungsnetzgeräte

Solche Netzgeräte sind wahlweise für eine fest vorgegebene, eine in Stufen umschaltbare oder eine einstellbare Ausgangsspannung ausgelegt.

Unter den handelsüblichen stabilisierten Gleichspannungsnetzgeräten befinden sich als eine moderne Version der konventionellen Netzgeräte die sogenannten *getakteten* Netzgeräte. Bei diesen Netzgeräten wird die Wechselspannung „hochgetaktet" (z. B. zu einer Spannungsfrequenz von 100 kHz), die sich (im Gerät) mit einem höheren Wirkungsgrad transformieren lässt.

Dieser Trick setzt allerdings ein etwas aufwendigeres und somit kostspieligeres Geräte-Innenleben voraus. Der damit verbundene hohe Preis kompensiert die tatsächliche Energieeinsparung bei kleineren oder sporadisch betriebenen Geräten nur dürftig und ist daher im Prinzip höchstens bei größeren Geräten akzeptabel, die im Dauerbetrieb eingesetzt werden.

In der Praxis wird man oft damit konfrontiert, dass es sehr schwierig ist, ein passendes handelsübliches Netzgerät ausfindig zu machen, das die gewünschte Spannung und den benötigten Strom maßgerecht liefern kann. Für experimentelle Zwecke ist das Problem meist nicht allzu groß, denn hier darf es in Kauf genommen werden, wenn ein solches Netzgerät kräftig überdimensioniert ist.

Bei der Stromversorgung von spezielleren Verbrauchern ist es erforderlich, dass das Netzgerät (oder das Netzteil) möglichst Energie sparend arbeitet. Es soll weder für eine unnötig hohe Leistung noch für eine unnötig hohe Spannung ausgelegt sein.

Hier bietet sich ein Selbstbaunetzteil oder ein Selbstbaunetzgerät an, das z. B. nach dem nun folgenden Schaltplan leicht im Selbstbau erstellt werden kann.

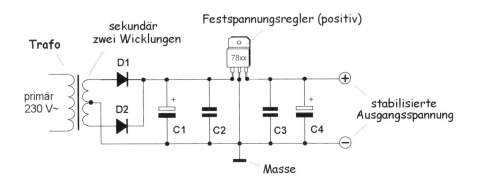

Die linke Hälfte der Schaltung (bis zu dem C1) ist uns bereits bekannt. Neu ist hier der bildlich eingezeichnete *Festspannungsregler,* den man als einen „echten Segen für den Selbstbau" bezeichnen dürfte. Er liefert an seinem Ausgang nicht nur „irgendeine" Festspannung, sondern eine stabile und fein geglättete. Ein solches Netzteil ist sehr bescheiden, was seine Bauteile anbelangt.

Die Sekundärwechselspannung des verwendeten Transformators sollte mindestens ca. 2,5–3 Volt höher sein als die Nennspannung, für die der Spannungsregler ausgelegt ist (ein 12-Volt-Spannungsregler benötigt z. B. eine Trafosekundärspannung von 15 V~).

Der Sekundärstrom des Trafos sollte bei einer Brückengleichrichtung um ca. 10 % bis 20 % höher als der maximal bezogene stabilisierte Gleichstrom liegen. Bei einer Mittelpunktschaltung teilt sich die Stromabnahme zwischen die zwei Sekundärwicklungen, von denen jede nur für ca. 60 % bis 70 % der vorgesehenen Gleichstromabnahme zu dimensionieren ist. Diese Empfehlung, eine etwas großzügigere Leistungsreserve einzuplanen, ist nur bei solchen Transformatoren sinnvoll, die herstellerseitig knapp dimensioniert wurden. Sie würden sich ohne einen solchen zusätzlichen Leistungsspielraum beim Dauerbetrieb zu sehr aufheizen.

Der Spannungsregler benötigt einen größeren Kühlkörper, und man sollte ihm nicht mehr Strom abverlangen als ca. 70 % bis 75 % seiner typenbezogenen Strombelastung. Bei Anwendung eines 1-Ampere-Spannungsreglers sollte somit ein Dauerstrom von max. 0,75 A bezogen werden. Ist eine höhere Stromabnahme vorgesehen, ist ein Festspannungsregler anzuwenden, der für eine angemessen höhere Strombelastung ausgelegt ist.

Die Kondensatoren C2 und C3 gehören (als Entstörungskondensatoren) zu den angewendeten Spannungsreglern. Sofern der Spannungsreglerhersteller nicht ausdrücklich eine andere Kapazität empfiehlt, sollte die Kapazität von 100 nF als ein universaler Standardwert betrachtet werden. Diese zwei Kondensatoren erfüllen optimal ihre Aufgabe, wenn sie als keramische Scheibenkondensatoren ausgeführt sind.

Der Kondensator C4 fungiert als ein zweiter Glättungskondensator und seine Kapazität kann universell 100 µF betragen, wenn es sich um die Spannungsversorgung von elektronischen Schaltungen handelt. Ist die Spannungsversorgung z. B. nur für Leuchtdioden oder elektromechanische Vorrichtungen gedacht, darf die Kapazität des C4 bis auf ca. 1 µF verringert werden (wobei der C3 evtl. entfallen kann).

Besondere Aufmerksamkeit verdient der C1. Er muss unter allen Umständen fähig sein, die hier abgebildeten pulsierenden Gleichspannungs-Halbwellen so zu glätten, dass die übergebliebenen Spannungsdellen (Rillen) *oberhalb* der Reglereingangsspannung bleiben und somit vom Regler „abgehobelt" werden können. Wir verwenden die Bezeichnung „abgehobelt" deshalb, weil der Regler die ihm zugeführte vorgeglättete Spannung auf eine ähnliche Art glättet, wie ein ein Brett, das voller Rillen und Dellen ist, auf einer Hobelbank geglättet wird.

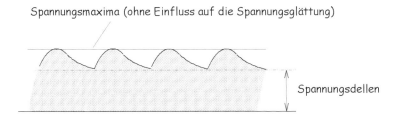

Bei einem Brett ist eines klar: Wenn es z. B. auf eine Dicke von 2,5 cm abgehobelt werden soll, dürfen die ursprünglichen Rillen und Dellen nicht tiefer liegen. Ansonsten bleiben sie im abgehobelten Brett sichtbar. Einen Spannungsregler darf man sich wie eine Hobelbank vorstellen, denn er kann die ihm zugeführte pulsierende Gleichspannung nur auf den eingestellten Wert „abhobeln". Verlangt man von ihm, dass er ausgangsseitig

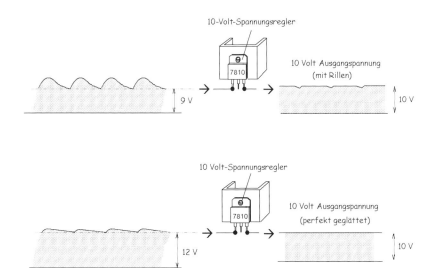

eine perfekt geglättete Gleichspannung liefert, muss ihm eine Spannung zugeführt werden, deren tiefste Rillen oberhalb der Ausgangsspannung liegen.

Je höher die Sekundärspannung des Trafos und je niedriger die Stromabnahme ist, umso kleiner darf die Kapazität des C1 sein. Faustregeln besagen:

a) Die Sekundärwechselspannung des Trafos sollte mindestens um ca. 3 Volt höher sein als die typenbezogene Spannung eines Standardfestspannungsreglers. Wird ein (teurerer) *Low-drop-Spannungsregler* verwendet (der einen niedrigeren internen Spannungsverlust aufweist), darf die Trafosekundärspannung nur um ca. 1 Volt höher liegen als die benötigte stabilisierte Gleichspannung.

b) Die Kapazität des C1 ist so zu wählen, dass pro 0,1-A-Stromabnahme mit etwa 200–400 µF bei empfindlichen elektronischen Schaltungen gerechnet wird. Das ergibt z. B. eine Kapazität von 2.200 µF bei einer Stromabnahme von ca. 1 A. Bei einer Spannungsregelung für einfachere Anwendungen genügen ca. 100 µF pro 0,1-A-Stromabnahme.

Ausführungsbeispiel eines Selbstbaunetzteils, das nur eine Trafosekundärwicklung benötigt und eine Brückengleichrichtung anwendet (für einen maßgeschneiderten Eigenentwurf gelten ebenfalls die vorher aufgeführten Faustregeln):

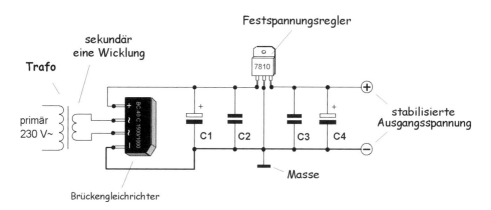

C1 und C4: Glättungselkos (siehe Text)
C2 und C3: Keramische Scheibenkondensatoren (100 nF)

Ein kleineres Selbstbau-„Huckepack-Netzteil" kann nach dem unten stehenden Beispiel auch an den Ausgang eines Steckernetzgeräts angeschlossen werden. Die hier aufgeführten Spannungs- und Stromwerte sind nur als Richtwerte zu betrachten, die auf die tatsächlichen Werte des angewendeten Steckernetzgeräts anzupassen sind:

Wechselspannungs-Steckernetzgerät
14 V~ / 0,6 A

Festspannungsregler MC 7812 CT- 12 V/1 A
(dargestellt als Schaltzeichen)

14 V ~

ein MC7812CT aus ⊕ 12 V (max. 0,5 A)

C2 100 nF *   C3 100 nF *

C1   C4 100 µF/16 V

⊖ ⊥

1.000 µF/35 V

Silizium-Gleichrichterdioden
4 x 1 N 4001 (bis 1 N 4004)

* keramische
Scheibenkondensatoren

Spannungsregler ab ca. 0,5 A benötigen zwingend einen Kühlkörper. Für schwächer belastete Spannungsregler kann ein solcher Kühlkörper auch nur aus einem ca. 1,2–1,5 mm dicken Aluminiumblech oder aus beliebigen ausreichend massiven, Wärme leitenden Metallen (z. B. Kupfer oder Messing) selbst hergestellt

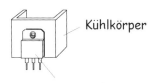

Kühlkörper

Spannungsregler

werden. Stärker belastete Spannungsregler beanspruchen ziemlich große Kühlkörper, die in einer großen Auswahl als Fertigprodukte erhältlich sind. Zwischen den Spannungsregler und einen Kühlkörper sollte eine *Wärmeleitpaste* aufgetragen werden.

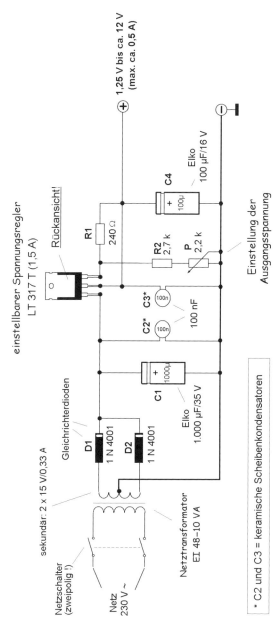

* C2 und C3 = keramische Scheibenkondensatoren

Neben den bereits beschriebenen *Festspannungsreglern* gibt es auch *einstellbare Spannungsregler*; deren Ausgangsspannung einstellbar (und verstellbar) in einem Bereich zwischen ca. 1,2 V und 30 V/37 V liegt (typenabhängig variieren vor allem die einstellbaren Obergrenzen). Für praktisches Experimentieren gibt man sich meist mit einem kleineren Spannungsbereich zufrieden und wählt eine entsprechend niedrigere Sekundärspannung des Netztransformators (hier sind es 2 × 15 V).

Die Werte der Widerstände R1, R2 und der Potenziometer P, die bei den hier aufgeführten Schaltungen angegeben sind, gelten nicht automatisch für alle Spannungsreglertypen. Wenn Sie Ihre Netzgeräte mit anderen Spannungsreglern bestücken, achten Sie bitte auf die Herstellerdaten.

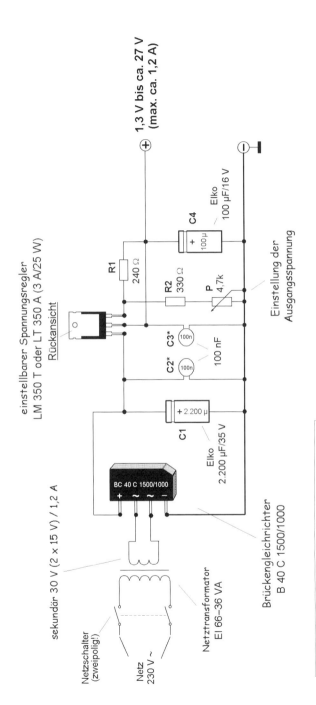

einstellbarer Spannungsregler
LM 350 T oder LT 350 A (3 A/25 W)
Rückansicht

1,3 V bis ca. 27 V
(max. ca. 1,2 A)

R1
240 Ω

R2
330 Ω

P
4,7k

C4
100μ
Elko
100 μF/16 V

Einstellung der
Ausgangsspannung

C2*   C3*
100n   100n
100 nF

C1
+ 2.200 μ
Elko
2.200 μF/35 V

BC 40 C 1500/1000
+ ~ ~ —

sekundär 30 V (2 × 15 V) / 1,2 A

Netzschalter
(zweipolig!)

Netz
230 V ~

Netztransformator
EI 66–36 VA

Brückengleichrichter
B 40 C 1500/1000

* C2 und C3 = keramische Scheibenkondensatoren

Ein ebenfalls leicht nachzubauendes Beispiel eines Netzgeräts mit einem breiteren einstellbaren Spannungsbereich zeigt die folgende Ausführung. Das Potenziometer P sollte bevorzugt als Drahtpotenziometer ausgeführt sein (dann funktioniert es länger zuverlässig).

16 Elektrische Leuchtkörper

Die herkömmlichen Glühlampen gehören immer noch zu den beliebtesten Leuchtkörpern, auch wenn sie nicht mehr verkauft werden dürfen. Wir alle sind mit ihnen groß geworden und ihre Leistungen in Watt stellen eine Referenz für die Einschätzung der Lichtstärke dar: Für den Leuchter im Wohnzimmer braucht man fünf Glühbirnen à 60 Watt, für die zwei Wandleuchten im Bad kaufen wir immer 40-Watt-Glühbirnen usw.

Dann gibt es noch die Halogenlampen. Sie sind etwas energiesparender – allerdings nur etwas. Ihre offizielle Lichtstärke ist um bis zu 50 % höher als die Lichtstärke normaler Glühlampen. Von dieser Energieeinsparung profitiert man vor allem bei Halogenlampen, die für die normale Netzspannung von 230 V~ ausgelegt sind. 12-Volt-Halogenlampen benötigen beim Einsatz im Hausnetz einen zusätzlichen Transformator, der bis zu 10 % der bezogenen elektrischen Energie intern verbraucht. Damit ist dann die tatsächliche Energieeinsparung – im Vergleich zu normalen Glühlampen – nicht gerade umwerfend.

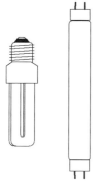

Echte Energiesparlampen sowie auch gute Leuchtstoffröhren mit elektronischen Vorschaltgeräten verbrauchen dagegen nur etwa 20 % bis 25 % der Energie, die unsere „gute alte" Glühbirne bei der gleichen Lichtintensität beansprucht (und zu etwa 94 % bis 95 % allein in Wärme umwandelt).

Die meisten der Energiesparlampen haben eine längliche Form. Die eigentlichen „Lichtröhrchen" sind – je nach der Type – unterschiedlich gestaltet. Einige haben eine „echte Glühlampenform".

Gute Energiesparlampen haben eine ca. 10-fach längere Lebensdauer (typenbezogen von bis zu 15.000 Stunden) als normale Glühlampen.

Sehr praktisch für die Außenbeleuchtung sind Energie-sparlampen mit eingebautem Dämmerungsschalter, der bei eintretender Dunkelheit automatisch ein- und bei beginnendem Tageslicht ausschaltet *(Anbieter/Foto: Conrad Electronic)*.

Das Angebot an verschiedensten Lampen ist groß, und manche dieser Lichtquellen bieten typenbezogen eindrucksvolle Vorteile. Bezüglich der Anwendung stellen die meisten Lampen keine speziellen Ansprüche an den Umgang: Wenn sie an die Spannung angeschlossen werden, für die sie ausgelegt sind, erfüllen sie ihre Aufgabe automatisch zu vollster Zufriedenheit (bis auf die Probleme mit Dimmen).

Etwas komplizierter ist es bei Leuchtdioden, die als energiesparende Lichtquellen weltweit auf dem Vormarsch sind.

16.1 Leuchtdioden (LEDs)

Leuchtdioden sind vom Prinzip her als polaritätsabhängige Gleichstromleuchtkörper ausgelegt – was logisch ist, denn es handelt sich immerhin um Dioden, die – wie bereits an anderer Stelle erklärt wurde – ebenfalls polaritätsabhängig sind.

Sie sind in vielen Formen und Farben erhältlich.

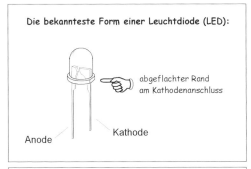

Die bekannteste Form einer Leuchtdiode (LED):

abgeflachter Rand
am Kathodenanschluss

Anode   Kathode

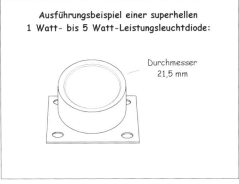

Ausführungsbeispiel einer superhellen
1 Watt- bis 5 Watt-Leistungsleuchtdiode:

Durchmesser
21,5 mm

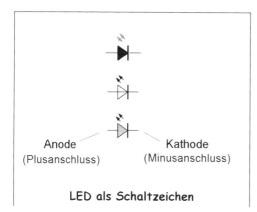

Anode   Kathode
(Plusanschluss)   (Minusanschluss)

LED als Schaltzeichen

In Schaltplänen werden Leuchtdioden meist mit einem der links aufgeführten Schaltzeichen dargestellt, die einheitlich sowohl für alle Standard- als auch für alle superhellen oder ultrahellen Leuchtdioden, ohne Rücksicht auf ihre tatsächliche Form und Größe, verwendet werden.

Im Gegensatz zu anderen herkömmlichen Lampen, sind die meisten Leuchtdioden für Spannungen (von z. B. 1,6–4 V) ausgelegt, die nicht mit den Nennspannungen gängiger Batterien oder der gängigen Standardspannung handelsüblicher Netzgeräte übereinstimmen.

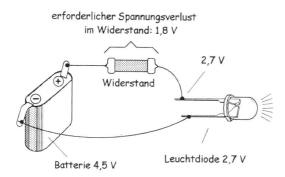

erforderlicher Spannungsverlust
im Widerstand: 1,8 V

2,7 V

Widerstand

Batterie 4,5 V   Leuchtdiode 2,7 V

Wenn eine Leuchtdiode nur als Kontrolllämpchen vorgesehen ist, das an eine bestehende Spannungsversorgung angeschlossen werden soll, behilft man sich einfach mit einem *Vorwiderstand,* der in Reihe mit der LED geschaltet wird und dessen ohmscher Wert so gewählt ist, dass er die überschüssige Spannung abfängt (in Wärme umwandelt). Diesen „Trick" kennen wir bereits aus Kapitel 9. Dort handelte es sich zwar um den Vorwiderstand eines Glühlämpchens, aber das ändert nichts an dem Prinzip – und auch nichts an der Berechnung des Vorwiderstands.

Oft ist es nicht erforderlich, dass eine Kontroll-LED mit voller Intensität leuchtet. Manchmal ist es sogar ausgesprochen unerwünscht, weil zu helles Licht stören würde. Zudem sinkt der Stromverbrauch einer LED kräftig, wenn sie nur schwächer leuchtet, und sie belastet nicht unnötig stark die Stromquelle.

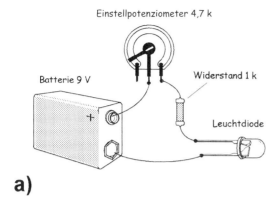

a)

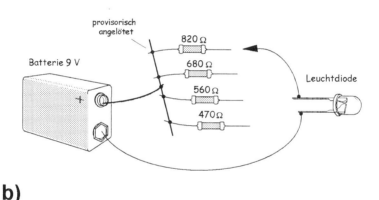

b)

In solchen Fällen kann der ohmsche Wert des LED-Vorwiderstands rein experimentell ermittelt werden.

Falls es sich um eine unbekannte LED handelt, die z. B. an eine 3-Volt- bis 9-Volt-Spannung angeschlossen werden soll, geht man folgendermaßen vor:

a) Ein 4,7-kΩ-Einstellpotenziometer wird auf seinen höchsten Wert (auf die vollen 4,7 kΩ) eingestellt und in Reihe mit einem ca. 1-kΩ-Widerstand und der LED an eine Batterie angeschlossen (wie abgebildet). Danach wird der Schleifer des Potenziometers sehr langsam und vorsichtig in Richtung geringerem Widerstand gedreht. Wenn dabei die LED nicht aufleuchtet, können weiterhin nach Beispiel b) mehrere Widerstände in einer abgestuften Anordnung (von „hoch" zu „niedrig") als Reihenwiderstände langsam durchprobiert werden, bis die LED ein Lebenszeichen von sich gibt. So kann der LED-Vorwiderstand gefunden werden.

Einfacher ist es, wenn man in einem Taschenrechner den vorgegebenen LED-Strom und den „überflüssigen Teil" der Versorgungsspannung eintippt, um den Wert des Vorwiderstands zu ermitteln.

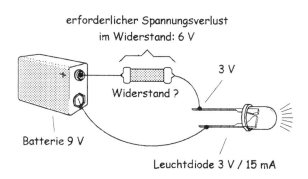

Beispiel A:
Eine Leuchtdiode, die laut ihren technischen Daten für eine *Durchlassspannung* (Betriebsspannung) von 1,6 bis 3,2 V und einen Betriebsstrom (I_F) von 15 mA (= 0,015 A) ausgelegt ist, soll an eine 9-Volt-Batterie angeschlossen werden.

Wir dürfen einfachheitshalber davon ausgehen, dass diese LED bei einer Betriebsspannung von etwa 3 Volt ausreichend leuchten wird, und dass somit von der Batteriespannung 6 Volt in einem Vorwiderstand abgefangen (und als Wärme abgegeben) werden sollten. Wie bereits anhand von ähnlichen Beispielen in Kap. 9 erklärt wurde, rechnen wir den Widerstand nach dem ohmschen Gesetz wie folgt aus:

6 V : 0,015 A = 400 Ω

So einfach ist es ...

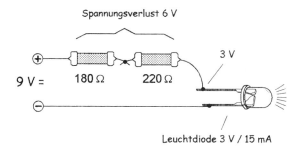

Da es keinen handelsüblichen Vorwiderstand von 400 Ω gibt, könnte an seiner Stelle ein Widerstandsduo von z. B. 180 Ω und 220 Ω in Reihe eingesetzt werden. Diese Widerstände ergeben zusammen genau die theoretischen 400 Ω. Ein 470-Ω- oder 560-Ω-Standardwiderstand würde jedoch in der Praxis auch ausreichen, wenn nicht Wert darauf gelegt wird, dass die Lichtintensität optimal ist.

Alternativ können wir uns noch näher ansehen, was es für Folgen hätte, wenn wir der LED einfach einen Standardwiderstand von 390 Ω vorschalten würden:

390 Ω × 0,015 A = 5,85 V

Diese Lösung hätte zur Folge, dass die LED eine Betriebsspannung von 3,15 V (9 V – 5,85 V) bekäme. Da sie – laut technischen Daten – eine Spannung von bis zu 3,2 V verkraftet, ist hier gegen einen 390-Ω-Vorwiderstand nichts einzuwenden – es sei denn, die Lichtintensität wäre dann für den vorgesehenen Zweck zu stark. In dem Fall können wir einfach ausprobieren, wie die LED bei einem Vorwiderstand von 470 Ω oder 560 Ω leuchtet. Möglicherweise wird sogar ein 1-k-Vorwiderstand ausreichen, wenn nur eine wahrnehmbare Lichtintensität erwünscht ist.

Beispiel B:

Eine LOW-current-Leuchtdiode, die laut technischen Daten für eine Durchlassspannung (Betriebsspannung) von 1,6 bis 2 V und einen Betriebsstrom (I_F) von 2 mA (= 0,002 A) ausgelegt ist, soll an eine 6-Volt-Gleichspannung angeschlossen werden. Stellt sich nun die Frage, welchen ohmschen Wert der Vorwiderstand R haben muss.

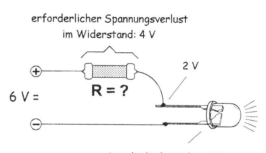

erforderlicher Spannungsverlust im Widerstand: 4 V

2 V

6 V =   R = ?

Leuchtdiode 1,6 bis 2 V / 2 mA

Der Vorwiderstand R sollte eine Spannung von mindestens 4 Volt abfangen (6 Volt Batteriespannung – 2 Volt LED-Betriebsspannung = 4 Volt überschüssige Spannung).

Nach dem ohmschen Gesetz ergibt sich daraus folgende kinderleichte Rechenaufgabe:

4 V : 0,002 A = 2000 Ω

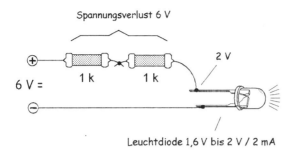

Leuchtdiode 1,6 V bis 2 V / 2 mA

Einen Standardwiderstandswert von 2.000 Ω (2 kΩ) ist zwar nur als Metallfilmwiderstand erhältlich, aber ein Duo aus zwei 1-k-Kohleschichtwiderständen – wie abgebildet – würde den Zweck auch erfüllen – zumindest theoretisch. In der Praxis wird man sich höchstwahrscheinlich mit einem 2,2-k-Widerstand zufrieden geben, denn die Einbuße der Lichtintensität ist subjektiv kaum wahrnehmbar.

In dem letzten Übungsbeispiel wurde eine sogenannte *LOW-current-LED* angesprochen. Unter dieser Bezeichnung werden Leuchtdioden angeboten, die bei einem geringen Stromverbrauch (von z. B. 2–4 mA) annähernd die gleiche Leuchtkraft aufweisen wie Standardleuchtdioden (die für eine Stromabnahme von 15–20 mA ausgelegt sind).

Als Dritte im Bunde erobern zunehmend *superhelle* und *ultrahelle* Leuchtdioden den Markt. Sie sind auch in Form von leistungsstarken *High-power-LEDs* erhältlich, die als Ersatz für die herkömmlichen Glühlampen zunehmend an Bedeutung gewinnen.

Was man sich unter der Leistung der superhellen Leuchtdioden konkret vorstellen kann, erläutert die folgende Tabelle, aus der der Lichtstromvergleich von den superhellen Luxeon-LEDs mit dem Lichtstrom diverser anderer Lampentypen hervorgeht:

Lampentype	Leistungsaufnahme in Watt	Lichtstrom in Lumen
Standardglühlampe	10 W	48 lm
Standardglühlampe	15 W	90 lm
Standardglühlampe	25 W	230 lm
Standardglühlampe	40 W	430 lm
Standardglühlampe	60 W	730 lm
Standardglühlampe	75 W	960 lm
Halogenlampe	15 W	155 lm
Halogenlampe	20 W	350 lm
Energiesparlampe *Osram*	7 W	350 lm
Energiesparlampe *Osram*	10 W	500 lm

Lampentype	Leistungsaufnahme in Watt	Lichtstrom in Lumen
Energiesparlampe *Ökolight*	11 W	600 lm
Energiesparlampe *Ökolight*	14 W	900 lm
Leuchtstofflampe	20 W	1250 lm
Leuchtstofflampe	40 W	3000 lm
Neonlampe	10 W	485 lm
Neonlampe	15 W	780 lm
Luxeon-LED rot/orange	1 W	55 lm
Luxeon-LED rot	1 W	44 lm
Luxeon-LED grün	1 W	25 lm
Luxeon-LED weiß	1 W	18 lm
Luxeon-LED blau	1 W	5 lm
Luxeon-LED weiß	5 W	120 lm

Lichtstromvergleich der superhellen Luxeon-LEDs mit anderen Leuchtkörpern

Luxeon „Hexagon"

Kleinere superhelle Leuchtdioden unterscheiden sich äußerlich nicht von den herkömmlichen Standard-LEDs. Größere (leistungsstarke) superhelle Leuchtdioden haben jedoch eine robustere Körperform (wie abgebildet) und sind für das Anbringen von zusätzlichen Kühlkörpern vorgesehen.

Luxeon „Lambertian"

Luxeon „Batwing"

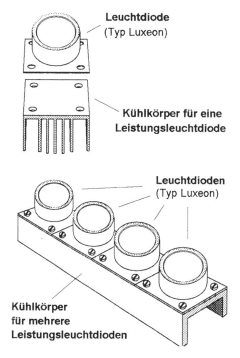

Leuchtdiode
(Typ Luxeon)

Kühlkörper für eine
Leistungsleuchtdiode

Leuchtdioden
(Typ Luxeon)

Kühlkörper
für mehrere
Leistungsleuchtdioden

Superhelle Leuchtdioden mit Leistungen ab ca. 1 Watt benötigen zusätzliche Kühlkörper, die besonders bei leistungsstarken LEDs ab 5 Watt angemessen großzügig dimensioniert sein sollten – natürlich vor allem dann, wenn Dauerbetrieb vorgesehen ist. Etwas bescheidener darf die Kühlung ausgelegt sein, wenn solche leistungsstarken Leuchtdioden nur blinken sollen – wie z. B. bei Warnlichtern an Eisenbahnübergängen.

Wird bei einer Leuchtdiode Wert darauf gelegt, dass sie als Leuchtkörper ihre maximale Leuchtkraft erbringt, muss ihre Versorgungsspannung genau so eingestellt werden, dass ihre Stromabnahme mit ihrem offiziellen Betriebsstrom (I_F) übereinstimmt. Dies gilt generell für alle Leuchtdioden, die entweder als Leuchtkörper oder als intensiv leuchtende Warnlichter, Lichtreklamen, Blickfänger u. a. angewendet werden.

Zu den gewöhnungsbedürftigen Eigenheiten der Leuchtdioden gehört, dass hier – im Gegensatz zu allen normalen Lampen – an erster Stelle nicht die Betriebsspannung, sondern der Betriebsstrom (I_F) Aufmerksamkeit verdient. Dies ist für die Praxis schon deshalb wichtig, weil bei vielen Leuchtdioden die Betriebsspannung nur in der Form „von – bis" angegeben wird.

Bei diesem „von – bis" handelt es sich oft um einen Spannungsbereich, in dem die LED ihre volle Lichtintensität nur dann erreicht, wenn die eigentliche Betriebsspannung so eingestellt wird, dass die LED den vom Hersteller angegebenen Betriebsstrom (I_F) bezieht. Dabei sollte die vom Hersteller angegebene Spannungsobergrenze – die separat angegebene maximale LED-Spannung $U_{Fmax.}$ – nicht (oder zumindest nicht zu sehr) überschritten werden.

Bemerkung: In englischsprachigen Prospekten und auch in vielen deutschen Datenblättern und Katalogen wird die Durchlassspannung nicht als „U_F", sondern als „V_F" bezeichnet.

Wird eine LED an eine Gleichspannung *polaritätsgerecht* angeschlossen, besteht die Gefahr einer Vernichtung hier vor allem dann, wenn die LED einen höheren Strom (I_F) bezieht, als sie laut technischen Daten verkraften kann. Sie kann zwar unter Umständen auch dann vernichtet werden, wenn ihre Abnahmeleistung (als U × I) überschritten wird, aber diese Gefahr darf in der Praxis negiert werden, solange der LED-Strom den vorgegebenen Wert (I_F) nicht überschreitet.

Die Stromabnahme einer Leuchtdiode (sowie auch einer Leuchtdioden-Kette) ist vor Inbetriebnahme mithilfe eines Amperemeters (Multimeters) optimal einzustellen. Das beinhaltet, dass die LED-Betriebsspannung quasi ohne Rücksicht auf die vom Hersteller oder Anbieter angegebene LED-Spannung „U_F" (oder V_F) so einzustellen ist, dass die Leuchtdiode annähernd ihren vollen Nennstrom beziehen. Ein „annähernd voller Nennstrom" ist ein Strom, der etwa 5 % bis 10 % unterhalb des offiziellen Nennstroms I_F liegt. Die Reserve von 5 % bis 10 % sollte man der LED (oder der LED-Reihe) gönnen, um sie nicht zu sehr zu strapazieren. Abgesehen davon ist bei einer solchen Stromeinstellung zu berücksichtigen, dass das verwendete Multimeter einen Messfehler von 5 % haben kann – es sei denn, man hatte die Möglichkeit, es persönlich mit einigen professionellen Lab-Geräten zu vergleichen.

Steht für ein solches Vorhaben nur eine relativ feste Spannungsquelle – wie (z. B. eine Batterie) – zur Verfügung, kann die optimale Einstellung der Betriebsspannung am einfachsten mithilfe eines Einstellpotenziometers nach Beispiel a) erfolgen.

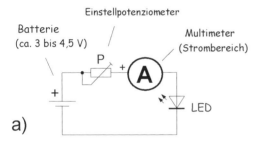

a)

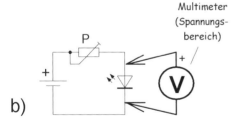

b)

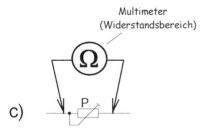

c)

Danach kann nach Beispiel b) an der LED ihre tatsächlich erforderliche Betriebsspannung ermittelt werden. Falls vorgesehen ist, das Einstellpotenziometer durch einen festen Vorwiderstand zu ersetzen, wird nach Beispiel c) der eingestellte ohmsche Wert des Potenziometers P ermittelt (bei abgeschaltetem Strom).

Eine rein rechnerische Ermittlung des Werts eines passenden Vorwiderstands, wie wir sie in den vorhergehenden Beispielen A und B zeigten, ist zwar für LED-Kontrollanzeigen ausreichend, aber sie garantiert nicht, dass eine LED tatsächlich ihre maximale Leuchtkraft erbringt. Wird ein gehobener Wert darauf gelegt, dass eine LED – und vor allem eine relativ teure superhelle LED – tatsächlich „so hell wie nur möglich" leuchtet (in einem technisch vertretbaren Rahmen), sollte der von ihr bezogene Strom (der im Katalog als I_F angegeben ist) möglichst genau unterhalb der Maximumschwelle eingestellt werden.

Wir zeigen an einigen konkreten Beispielen, wie der optimale Betriebsstrom einer superhellen Leuchtdiode experimentell eingestellt werden kann:

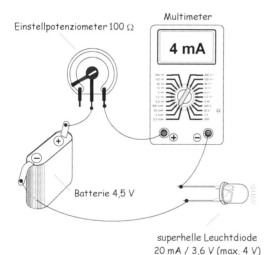

Einstellpotenziometer 100 Ω

Multimeter

4 mA

Batterie 4,5 V

superhelle Leuchtdiode
20 mA / 3,6 V (max. 4 V)

Die technischen Daten einer superhellen LED lauten: I_F 20 mA, U_F typ. 3,6 V, max. 4,0 V. Wir schließen diese LED an eine 4,5-Volt-Batterie über ein 100-Ω-Einstellpotenziometer an, das auf seinen höchsten ohmschen Wert (die vollen 100 Ω) eingestellt wird.

In Reihe mit der getesteten LED wird – wie abgebildet – ein Milliamperemeter (Multimeter, Strombereich ≥ 20 mA) angeschlossen. Es wird anfangs einen Strom von etwa 15 mA anzeigen.

Nun kann die regelbare Versorgungsspannung langsam und sehr vorsichtig gleitend erhöht werden, bis der LED-Strom auf die vorgegebenen 20 mA ansteigt. Dabei darf in diesem Fall die Versorgungsspannung (U_F) das in den technischen Daten aufgeführte Spannungsmaximum von 4 Volt nicht (zu sehr) überschreiten. Dazu wird es in der Regel nicht kommen, wenn der vorsichtig eingestellte LED-Strom nicht über die angegebenen 20 mA hinausgeht. Vorsichtshalber sollte man schon bei ca. 19 bis 19,5 mA stoppen. Messen wir danach den am Potenziometer eingestellten Wert, wird dieser etwa 79 Ω betragen.

Wenn die verwendete Leuchtdiode für einen niedrigeren Betriebsstrom (I_F) als 20 mA oder für eine niedrigere Betriebsspannung (U_F) ausgelegt ist, als wir in diesem Beispiel angeben, muss anstelle des 100-Ω-Einstellpotenziometers z. B. ein 220-Ω- oder 470-Ω-Potenziometer genommen werden. Noch besser: Mit dem Einstellpotenziometer wird in Reihe ein Festwiderstand von 470 Ω eingelötet. Stellt es sich heraus, dass er zu hoch ist, kann er schrittweise durch Widerstände von z. B. 390 Ω, 330 Ω, 270 Ω und 220 Ω ersetzt werden.

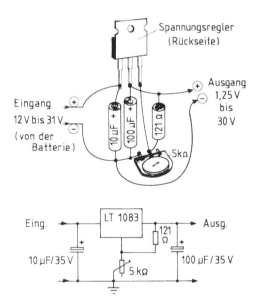

Anstelle des Herumexperimentierens mit Vorwiderständen kann die Einstellung des optimalen LED-Stroms mithilfe eines einstellbaren Spannungsreglers vorgenommen werden, der nach dem nebenstehenden Schaltbeispiel erstellt wird (oben ist die Schaltung bildlich, unten mithilfe von gängigen Schaltzeichen dargestellt).

Wichtig: Ein Spannungsregler verbraucht Strom, auch wenn er ausgangsseitig nicht belastet ist, und sollte daher an der Batterie nur während des Experimentierens angeschlossen bleiben.

Mit einstellbaren Spannungsreglern und Selbstbaunetzteilen kennen Sie sich bereits aus, denn sie wurden in Kap. 15 ausführlich beschrieben. Die auf der folgenden Seite aufgeführte Schaltung zeigt daher nur insofern etwas Neues, als dass hier als „Verbraucher" drei Leuchtdioden in Reihe an den Spannungsreglerausgang angeschlossen sind. Es sollte sich dabei um typengleiche LEDs handeln. Sie dürfen unterschiedliche Farben – und demzufolge evtl. auch unterschiedliche Betriebsspannungen – haben, müssen jedoch für den gleichen Betriebsstrom (I_F) ausgelegt sein.

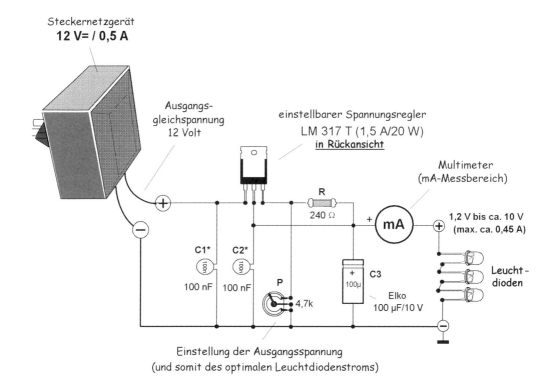

Einstellung der Ausgangsspannung
(und somit des optimalen Leuchtdiodenstroms)

Die Anzahl der LEDs (in einer Reihe) hat auf die Höhe des Betriebsstromes (I_F) keinen Einfluss. Wenn es sich z. B. um LEDs handelt, die pro LED einen Betriebsstrom von 20 mA benötigen, fließt auch durch eine beliebig lange Kette von seriell verbundenen LEDs nur ein Strom von 20 mA (zumindest ungefähr, aber so haargenau wird ein „normales" Multimeter bei einer solchen experimentellen Schaltung ohnehin nicht messen).

Die einzelnen Betriebsspannungen der drei LEDs addieren sich. Der Spannungsregler muss selbstverständlich eine Spannung liefern können, die der Summe der Einzelspannungen aller drei LEDs entspricht, denn nur so lässt sich der LED-Strom (durch das Einstellen der LED-Versorgungsspannung) optimal einstellen. Wird eine längere LED-Kette an eine gemeinsame Spannungsquelle angeschlossen, muss diese die erforderliche Spannung liefern können: Eine Kette mit z. B. 6 LEDs à 3,6 Volt wird demzufolge eine Versorgungsspannung von 6 × 3,6 Volt (= 21,6 Volt) benötigen. Der Spannungsregler aus dem vorhergehenden Beispiel würde eine höhere Eingangsspannung (von ca. 23–24 Volt) liefern müssen, und der C3 (aus vorhergehendem Beispiel) müsste für eine Spannung von mindestens 25 V ausgelegt sein.

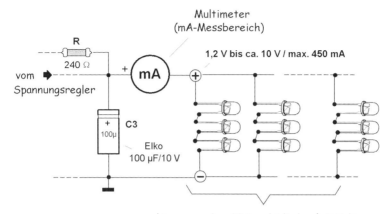

bis zu ca. 3 x 22 Leuchtdioden à 3 Volt
bei einer Stromabnahme von 20 mA pro LED-Trio

Da jedoch von dem Netzgerät aus dem vorhergehenden Beispiel ein Strom von bis zu ca. 0,45 A (= 450 mA) bezogen werden kann, könnten in Hinsicht auf die Ausgangsspannung von 10 Volt z. B. mehrere Reihen (bis zu etwa 22) von je drei 3-Volt-LEDs parallel (nebeneinander) betrieben werden – wie oben dargestellt. Eine solche Lösung kommt z. B. dann infrage, wenn eine weihnachtliche Beleuchtung, ein LED-Mosaik oder eine größere leuchtende Fläche aus mehreren LEDs zusammengestellt werden sollen. Wenn Leuchtdioden angewendet werden, deren Betriebsstrom (I_F) laut technischen Daten 20 mA beträgt, dürfte sicherheitshalber pro LED-Reihe (in diesem Fall pro LED-Trio) mit einem Strom von maximal 18 mA gerechnet werden. Sollten beispielsweise 10 solcher Reihen nebeneinander angeordnet werden, müsste der Betriebsstrom – der über den Milliamperemeter fließt – auf etwa 180 mA eingestellt werden (10 Reihen × 18 mA = 180 mA).

Es liegt im individuellen Ermessen, ob aus der einen oder anderen Leuchtdiode zwingend die höchstmögliche Lichtleistung herausgeholt werden soll oder ob anwendungsbezogen nicht eine niedrigere Lichtausbeute ausreicht. Viele Leuchtdioden leuchten in der Praxis mit annähernd voller Intensität schon dann, wenn ihre Stromabnahme ca. 10 % bis 15 % unterhalb I_F liegt.

Dennoch ist es in Hinsicht auf die Lichtausbeute ungünstig, wenn die LED-Versorgungsspannung etwas niedriger liegt, als theoretisch erforderlich wäre. Vor allem bei InGaN-(Indium-Gallium-Nitrogenium)-Leuchtdioden (Lichtfarbe grün, cyan, blau und weiß) sinkt z. B. die Stromabnahme um mehr als 2/3, wenn die Versorgungsspannung von dem Optimalwert um ca. 10 % sinkt. Bei AlInGaP-(Aluminium-Indium-Gallium-Phosphat)-Leuchtdioden (Lichtfarbe rot, rot-orange und amber) sinkt die Stromabnahme zwar „nur" um ca. 1/3, wenn die Versorgungsspannung ca. 10 % unter dem Optimalwert liegt, aber auch das ist immer noch schlimm genug. Aus diesem Grund sollte vor allem bei Batterieversorgung die Tatsache berücksichtigt werden, dass die Nennspannung einer Batterie keine konstante Spannung ist, sondern bei Belastung laufend sinkt, bis die Batterie „leer" ist.

Wenn superhelle oder High-Power-Leuchtdioden z. B. als Bremslichter im Auto an die Autobatterie angeschlossen werden, sollten sie eine zusätzliche Spannungsregelung (Marke Eigenbau) erhalten. Wenn der LED-Strom nach dem nebenstehenden Beispiel einmal richtig eingestellt wird, benötigen solche Dioden keine zusätzliche Stromregelung. Diese wird zwar oft als ein „Muss" angeboten, ist aber in diesem Fall nicht erforderlich. Die Dioden beziehen einen konstanten Strom, der auch während eines länger dauernden Betriebs nur sehr geringfügig sinkt (was jedoch z. B. bei Bremslichtern nicht vorkommt).

Auch ein Fahrradrücklicht kann mit einer superhellen LED ausgelegt werden – wie oben abgebildet. Der Fahrraddynamo liefert allerdings eine

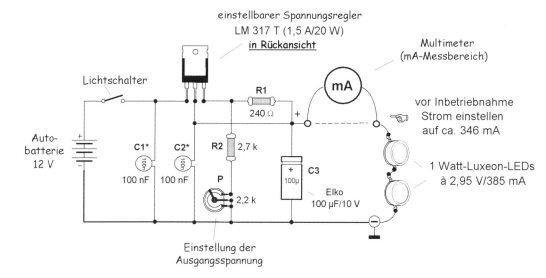

* keramische Scheibenkondensatoren

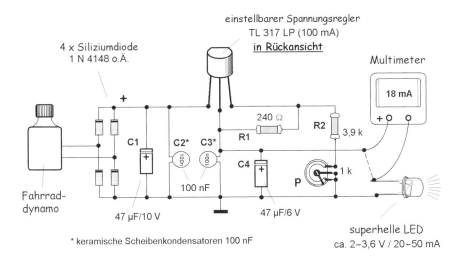

einstellbarer Spannungsregler
TL 317 LP (100 mA)
in Rückansicht

4 x Siliziumdiode
1 N 4148 o.Ä.

Multimeter

18 mA

Fahrrad-
dynamo

47 µF/10 V

C1 C2* C3*

R1 240 Ω

R2 3,9 k

C4

100 nF

47 µF/6 V

P 1 k

* keramische Scheibenkondensatoren 100 nF

superhelle LED
ca. 2–3,6 V / 20–50 mA

Wechselspannung (ca. 6 Volt) und diese muss erst gleichgerichtet werden (dafür genügen die kleinsten 100-mA-Siliziumdioden beliebiger Type). Nachdem hier der LED-Strom mit dem Einstellpotenziometer P optimal auf ca. 90 % des Strombedarfs (I_F) der angewendeten LEDs eingestellt ist, wird das eingezeichnete Milliamperemeter (Multimeter) nicht mehr benötigt. Die Verbindung zu der LED wird – wie gestrichelt angedeutet – definitiv erstellt.

Bliebe noch darauf hinzu-weisen, dass sich Leuchtdio-den notfalls auch mit Wech-selstrom zufriedengeben – allerdings um den Preis, dass sie nur die positiven Hälften der Wechselstromhalbwel-len verwerten können. Der ohmsche Wert des rechne-risch ermittelten Vorwider-

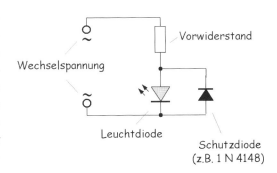

Vorwiderstand

Wechselspannung

Leuchtdiode

Schutzdiode
(z.B. 1 N 4148)

stands darf daher um ca. 40 % *kleiner* gewählt werden als bei einer Gleich-spannungsversorgung. Zudem sollte die LED mit einer in Gegenrichtung gepolten Schutzdiode (Siliziumdiode) gegen die negativen Spannungs-Halbwellen geschützt werden, die andernfalls die volle Spannung der Span-nungsquelle hätten und die LED vernichten könnten.

Für den Anschluss von Leuchtdioden an eine Gleichspannung (die nicht stabilisiert sein muss) sind als Fertigprodukte sogenannte *Konstantstrom-Konverter* erhältlich, von denen die LEDs nur einen fest vorgegebenen Konstantstrom beziehen können, der typenbezogen z. B. 20 mA,   350 mA oder 700 mA beträgt.

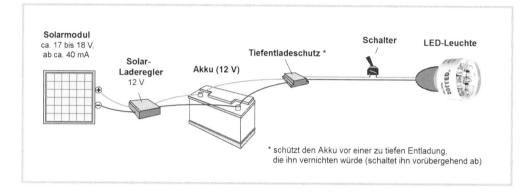

Die Konverter sind – je nach Type – für einen Anschluss an die Netz-Wechselspannung oder an eine niedrigere Gleichspannung ausgelegt und begrenzen den LED-Strom auf ein fest vorgegebenes Maximum. Bei Anwendung eines solchen Konverters braucht man sich mit der exakten Stromeinstellung nicht mehr zu befassen, denn die ist automatisch vorhanden. Eine Kontrollmessung des LED-Stroms ist bei der Inbetriebnahme dennoch sinnvoll.

Bei der Wahl des passenden Konverters ist darauf zu achten, dass er den benötigten Strom (I_F) tatsächlich liefern kann und dass er für den erforderlichen Spannungsbereich ausgelegt ist.

LED-Fertigleuchten werden ohne einen zusätzlichen Konverter an die für sie vorgesehene „ausreichend konstante" Spannungsquelle (z. B. 230 V Netzspannung oder eine 12-V-Batterie) angeschlossen. Bei einer Stromversorgung aus einem Bleiakku sollte zum Schutz gegen seine Tiefentladung dem Verbraucher ein Tiefentladeschutz vorgeschaltet werden (siehe Abbildungen auf den Seiten 177 und 178).

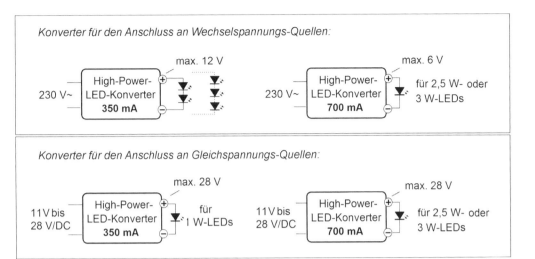

Konverter für den Anschluss an Wechselspannungs-Quellen:

	max. 12 V			max. 6 V
230 V~	High-Power-LED-Konverter **350 mA**		230 V~	High-Power-LED-Konverter **700 mA** für 2,5 W- oder 3 W-LEDs

Konverter für den Anschluss an Gleichspannungs-Quellen:

	max. 28 V			max. 28 V
11 V bis 28 V/DC	High-Power-LED-Konverter **350 mA** für 1 W-LEDs		11 V bis 28 V/DC	High-Power-LED-Konverter **700 mA** für 2,5 W- oder 3 W-LEDs

Praktisches Beispiel: Fünf superhelle LEDs sind an einer kleinen
Konstantstrom-Quelle (Konverter) in Reihe angeschlossen:

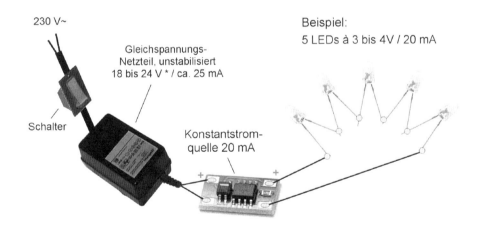

230 V~

Gleichspannungs-Netzteil, unstabilisiert
18 bis 24 V * / ca. 25 mA

Beispiel:
5 LEDs à 3 bis 4V / 20 mA

Schalter

Konstantstrom-quelle 20 mA

* Die Sekundärspannung des Trafos sollte etwa 2 V höher sein, als die LEDs benötigen

Auch ein sehr kleines Solarmodul kann einen kleinen 12-Volt-Akku laden, der als Energiequelle für eine LED-Leuchte dient, die bei Bedarf z. B. einen Geräte-schuppen oder einen Sitzplatz im Garten beleuchten kann:

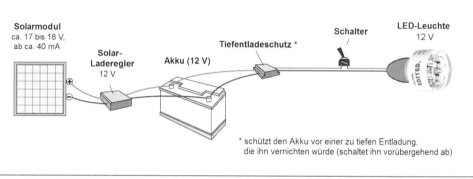

Alternativ zu dem oben aufgeführten Beispiel kann ein Laderegler Marke „Eigenbau" mit dem speziellen Laderegler-IC PB 137 von Conrad Electronic leicht erstellt werden und als Ladestrom-Quelle für eine LED-Beleuchtung dienen:

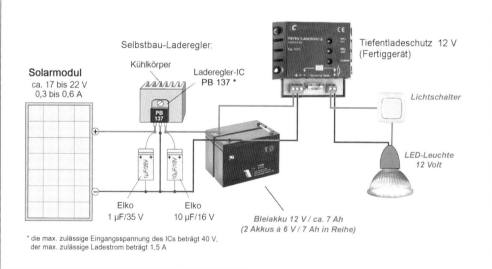

16.2 Infrarotdioden

Infrarotdioden (abgekürzt IR-Dioden) finden ihre Anwendung vor allem als *Sendedioden* in Fernbedienungen, Lichtschranken und als Lichtquellen für IR-Scheinwerfer. In Hinsicht auf die Spannungsversorgung und Einstellung des optimalen Betriebsstroms (I_F) unterscheiden sie sich nicht von den bereits beschriebenen Leuchtdioden. Sie sind – im Vergleich zu den kleineren LEDs – für einen etwas höheren Betriebsstrom ausgelegt, der meist mindestens 50–100 mA beträgt.

Da IR-Licht für das menschliche Auge nicht wahrnehmbar ist, eignen sich sowohl IR-Lichtschranken als auch IR-Scheinwerfer als Einbruchsschutz. Kleinere handelsübliche IR-Scheinwerfer sind meist mit mehreren IR-LEDs bestückt und benötigen bevorzugt eine stabilisierte typenbezogene Versorgungsspannung. Die untenstehende nachbauleichte Schaltung zeigt das Netzteil für einen kleinen 6-Volt-IR-Scheinwerfer, der u. a. bei *Conrad Electronic* erhältlich ist. Da Sie inzwischen praktisch alles über den Entwurf von maßgeschneiderten Netzteilen wissen, wird es Ihnen nicht schwerfallen, ein solches Netzgerät bei Bedarf auch für eine andere Ausgangsspannung und Leistung zu bauen.

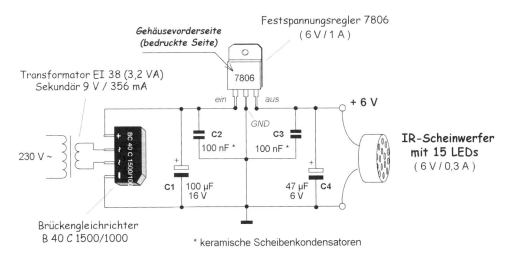

IR-Leuchtdioden werden als Sendedioden von IR-Lichtschranken angewendet. Der IR-Lichtstrahl wird auf einen lichtempfindlichen Halbleiter (Fotodiode oder Fototransistor) ausgerichtet, der über einen Verstärker ein elektromagnetisches Relais steuert, das z. B. bei Unterbrechung des IR-Strahls anspringt und einen Alarmgeber einschaltet (siehe Abbildung S. 180)

Die Funktionsweise einer Lichtschranke kann nach Bedarf unterschiedlich ausgelegt sein. So kann z. B. die eine Lichtschranke bei Unterbrechung des Lichtstrahles den Relaiskontakt einschalten oder auch umschalten. In letzterem Fall kann das Relais bei Unterbrechung des IR-Lichtstrahls sowohl

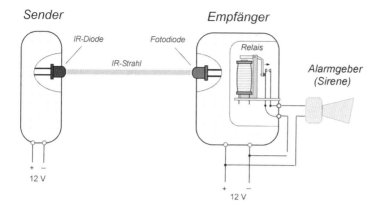

etwas einschalten als auch ausschalten bzw. umschalten. Die Art der Anwendung wird dann sowohl von der internen Elektronik des Lichtschrankenempfängers als auch von der Ausführung des Relais vorgegeben. Ist der Relaiskontakt als Wechsler (1 x UM) ausgelegt, kann der Anwender selber bestimmen, ob das Relais bei Unterbrechung des IR-Strahls etwas einschalten oder ausschalten soll.

Für einfachere Experimente kann ein empfindliches Kleinrelais auch direkt (ohne zusätzliche Verstärkung) über eine Fotodiode betrieben werden:

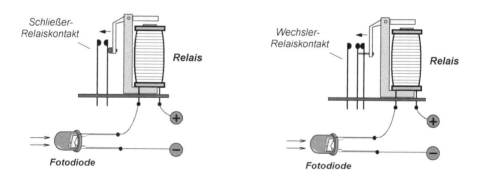

17 Elektrische Heizkörper

Elektrische Heizkörper kennen wir aus der täglichen Praxis. Die meisten beinhalten Heizspiralen aus Widerstandsdraht, der sich – ähnlich wie die bereits beschriebenen Widerstände – beim Anschluss einer elektrischen Spannung aufheizt. Es spielt dabei keine Rolle, ob ein solcher Widerstandsdraht in einer Kochplatte, in einem elektrischen Lötkolben, in einem Haarfön oder in einer Heißluftpistole eingebaut ist. Den ohmschen Widerstand des Widerstandsdrahts muss der Hersteller so wählen, dass dieser beim Anschluss an die vorgesehene Spannung den vorgesehenen Strom bezieht und somit auch die erforderliche Nennleistung aufbringt.

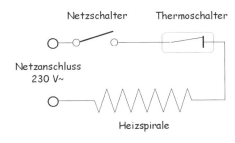

Als praktisches Beispiel dient uns ein elektrischer Wasserkocher. Seine elektrische Schaltung ist – wie rechts aufgeführt – einfach, und eine kurze Erklärung verdient nur der Thermoschalter, der auch als *thermische Sicherung* bezeichnet wird: Derartige Schalter sind z. B. als Bimetall-Fertigbausteine erhältlich, die den sie durchfließenden Strom automatisch unterbrechen, sobald die überwachte Temperatur eine fest vorgegebene Schwelle erreicht. Nachdem sich ein solcher aktivierter Thermoschalter abgekühlt hat, schaltet er sich automatisch wieder ein.

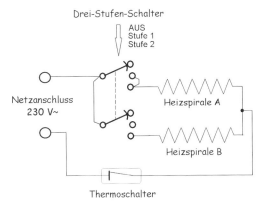

Manche der elektrischen Heizkörper sind mit einem einstellbaren Thermostaten ausgeführt, andere haben einen mehrstufigen Temperaturwahlschalter. Viele Hersteller begnügen sich mit zwei Temperaturstufen, die meist so ausgelegt sind, dass in einem Heizgerät (z. B. in einem elektrischen Heizkissen oder einem Autositz-Heizbezug) wahlweise entweder eine oder zwei Heizspiralen eingeschaltet wird/werden.

Ausführungsbeispiel
einer 12-V/12-W-Heizfolie:

Anschlüsse

Heizfolie
Abmessungen:
110 mm x 77 mm

Zu den spezielleren elektrischen Heizkörpern gehören auch *Heizfolien,* die u. a. als selbstklebende Folien für die Flächenbeheizung von Kfz-Außenspiegeln oder für den Schutz vor Minusgraden bei diversen Kleingeräten vorgesehen sind.

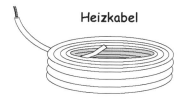

Heizkabel

Für die Beheizung von Frühbeeten, Terrarien, Gartensitzbänken usw. werden mit Vorliebe flexible Heizkabel verwendet, die wahlweise für niedrigere oder für höhere Versorgungsspannungen zwischen ca. 12 V und 230 V ausgelegt sind. Da es egal ist, ob der Heizkörper mit einer Gleichspannung oder mit einer Wechselspannung betrieben wird, bleibt es dem Anwender überlassen, für welche Art der Spannungsversorgung er sich entschließt.

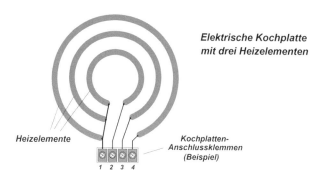

Elektrische Kochplatte mit drei Heizelementen

Heizelemente

Kochplatten-Anschlussklemmen (Beispiel)

18 Elektrische Ventilatoren

Elektrische Ventilatoren werden in sehr unterschiedlichen Ausführungen gefertigt, aber eines haben alle gemeinsam: Als elektrische Verbraucher sind es nur Elektromotoren, die entweder als Wechselstrom- oder als Gleichstrommotoren konzipiert sind. Wechselstromventilatoren benötigen eine ziemlich genaue Versorgungsspannung. Anderenfalls heizen sie sich zu sehr auf und nehmen Schaden. Gleichstromventilatoren geben sich – ähnlich wie fast alle anderen Gleichstrommotoren auch – meist mit einer Versorgungsspannung zufrieden, die in einem breiteren Spannungsbereich liegen darf.

Ausführungsbeispiel eines Einbau-Axial-Ventilators (Axiallüfter):

Ausführungsbeispiel eines Einbau-Tangential-Lüfters (Querstromgebläse):

Für weitere Informationen siehe Kap. 20 und 22 bis 24.

19 Elektrische Kühlkörper

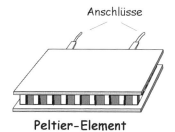

Anschlüsse

Peltier-Element

Als Repräsentanten der echten Kühlkörper dürften die sogenannten *Peltier-Elemente* bezeichnet werden. Es sind thermoelektrische Module, die sowohl Kälte als auch Wärme erzeugen. Bei Anschluss des Moduls an die Betriebsspannung wird eine seiner Seiten (Flächen) kalt, die andere heiß. Wird ein solches Element für die Kühlung verwendet, muss eine heiße Seite mit einem Ventilator gekühlt werden – was z. B. in den tragbaren Elektrokühlboxen gehandhabt wird.

Die kleineren handelsüblichen Peltier-Elemente, die z. B. bei *Conrad Electronic* als Einzelbausteine erhältlich sind, haben Abmessungen von ca. 15 mm × 15 mm × 4,9 mm, größere Elemente werden in Abmessungen von bis zu etwa 50 mm × 50 mm × 4,5 mm angeboten. Die Module sind sehr flach und relativ klein, benötigen jedoch größere zusätzliche Wärmetauscher und Kühlkörper.

Kompressor- oder Absorptionskühlboxen und -kühlschränke verfügen über keine „echten" elektrischen Kühlkörper und dürfen in Hinsicht auf ihre elektrische Funktion nur als „Elektromotoren mit Kompressor" oder als Heizkörper (bei Absorptionskühlschränken) betrachtet werden.

20 Elektromotoren

Elektromotoren werden typenbezogen als Wechsel- oder Gleichstrommotoren gefertigt und müssen grundsätzlich nur an die Spannungsversorgung angeschlossen werden, für die sie laut ihrem Typenschild vorgesehen sind.

Wechselstrommotoren sind wahlweise als Ein- oder als Dreiphasenmotoren konzipiert. Einphasenmotoren werden bereits herstellerseitig entweder nur für eine Drehrichtung oder für beide Drehrichtungen ausgelegt. Handelsübliche Einphasenkleinmotoren sind meist als Kondensatormotoren konzipiert.

Bei den meisten Einphasenkondensatormotoren, die für beide Drehrichtungen ausgelegt sind, wird die Drehrichtung durch Umschalten der Spannungszufuhr zu den Anschlüssen des Kondensators verändert (sofern der Hersteller nicht eine andere Lösung verlangt). Wenn der Drehrichtungsumschalter als Dreistufenschalter ausgelegt ist, kann er gleichzeitig als Ein/Aus-Schalter fungieren – wie rechts dargestellt. Ist ein Einphasenmotor nicht bereits vom Hersteller für beide Drehrichtungen ausgelegt, kann dies im Nachhinein nicht mehr durch irgendeinen Trick geändert werden.

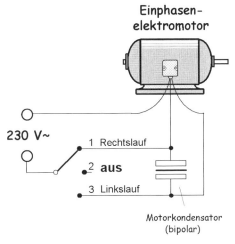

Dreiphasen(Drehstrom)-Elektromotoren kennen wir u. a. von diversen Holz- oder Metallbearbeitungsmaschinen. Hier befindet sich oft ein manuell bedienbarer Dreistufenschalter, bei dem die erste Stufe als Ausschaltposition, die zweite Stufe als Einschalten im langsamen Lauf und die dritte Stufe als Umschalten auf den schnelleren (und kräftigeren) Lauf ausgelegt sind.

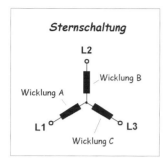

Sternschaltung

Der langsame und der schnelle Lauf beruhen auf einem einfachen Schaltungstrick, bei dem die drei Wicklungen des Elektromotors für den langsamen Lauf in eine „Stern-Anordnung", bei schnellem Lauf in eine „Dreieck-Anordnung" geschaltet werden – nach dem links dargestellten Prinzip.

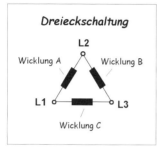

Dreieckschaltung

Wird ein solcher Drehstrommotor nur im langsamen Lauf (mit der niedrigeren Drehzahl) betrieben, benötigt er nur einen einfachen dreipoligen Schalter. Diese Lösung wird oft gehandhabt:

Elektromotor

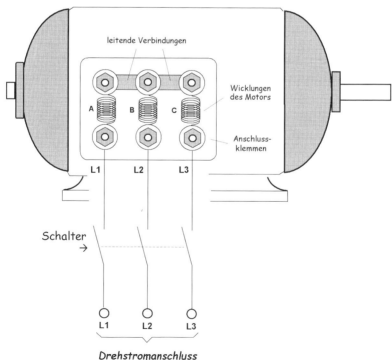

Drehstromanschluss

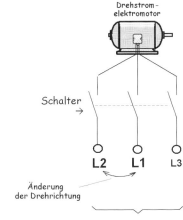

Die Drehrichtungsänderung wird bei einem Drehstrommotor einfach dadurch erzielt, dass zwei beliebige Phasen der Zuleitung untereinander getauscht werden.

Bei Gleichstrommotoren wird die Drehrichtung einfach durch den Wechsel der Anschlusspolarität geändert. Dennoch sind die meisten Gleichstrommotoren oft für eine „Hauptdrehrichtung" ausgelegt. Sie wird vom Hersteller angegeben, und der Anwender sollte sie beachten. Dies bedeutet zwar nicht, dass ein solcher Motor in

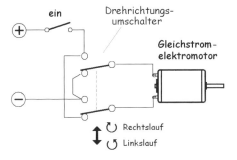

der anderen Richtung nicht betrieben werden darf, aber für die optimale Nutzung seiner Leistung und für seine Lebensdauer ist es zu berücksichtigen. So sind z. B. auch die meisten Akkuschraubermotoren für eine Hauptdrehrichtung ausgelegt, die mit der Drehrichtung zum Einschrauben übereinkommt. Wird ein solcher Akkuschrauber als Elektroantrieb einer Selbstbau-Vorrichtung verwendet, sollte seine Hauptdrehrichtung für die Bewegung eingeplant werden, die ihn schwerer belastet.

Das Schalten und Steuern von Elektromotoren wird in der Praxis überwiegend mithilfe von elektromagnetischen Relais vorgenommen. Das ist eines der Themen, die im folgenden Kapitel näher behandelt werden.

21 Schalten in der Elektrotechnik

Wir alle leben seit unserer Kindheit mit Schaltern aller Art. Es beginnt mit den Schaltern an Spielzeugen und wächst sich zunehmend zu einer Unmenge an Schaltvorgängen aus, die ein jeder von uns den ganzen Tag vornehmen muss. Viele von uns erledigen am frühen Morgen den ersten Schaltvorgang bereits im Halbschlaf: Der Wecker wird abgeschaltet. Im Winter wird kurz danach das Licht eingeschaltet. Dann schaltet man vielleicht das Radio, die Kaffeemaschine und den Brötchenbackautomaten ein, usw.

21.1 Einfache Schalter

Mit den meisten einfacheren Schaltern machen wir seit unserer Kindheit langsam aber sicher Bekanntschaft und ihre Funktion ist deshalb nicht erklärungsbedürftig. Hier handelt es sich überwiegend um Schalter, die für die Handbedienung ausgelegt sind. Es gibt aber auch verschiedene speziellere Schalter, die oft in Geräten, Maschinen und Vorrichtungen verborgen sind oder gar nicht wie Schalter aussehen.

Einer dieser Schalter – der Zungenschalter (Reed-Schalter) – wurde bereits in Kap. 3 beschrieben. Zu den Favoriten gehört in der Elektrotechnik der sogenannte *Mikroschalter*. Ein einfacher Mikroschalter befindet sich – als „verdeckter Türschalter" – auch in jedem Kühlschrank, um beim Öffnen der Tür das Licht einzuschalten. Im Maschinen- und Anlagenbau werden Mikroschalter vor allem als Endschalter verwendet, die den Motor stoppen, sobald die von ihm angetriebene Vorrichtung das eine oder andere Ende der vorgesehenen Bahn erreicht hat und den Betätigungsknopf oder den Metallhebel des Mikroschalters leicht eindrückt.

Ausführungsbeispiele einiger Mikroschalter, die wahlweise als *Schließer* (1 × Ein) oder als *Wechsler* (1 × UM) ausgeführt sind *(Foto/Anbieter: Conrad Electronic):*

Wird ein Motorantrieb z. B. zum Herausfahren oder Herausschwenken eines Fernsehers ausgelegt, benötigt die Vorrichtung zwei Mikroschalter, die den Motor stoppen, sobald die jeweilige Endposition erreicht wurde. Anstelle der Mikroschalter könnten selbstverständlich auch diverse andere Sensoren, Lichtschranken oder die bereits beschriebenen Zungenschalter (Reed-Kontakte) verwendet werden – insofern es die Schaltleistung erlaubt – aber die Mikroschalter stellen oft die günstigste Lösung dar.

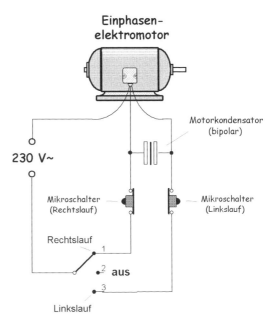

Ist es erwünscht, dass eine Veränderung der Neigung auf eine einfache Weise einen Schaltvorgang auslöst, kann dafür ein *Neigungsschalter* verwendet werden. Früher wurden Neigungsschalter ausschließlich in Form von Quecksilberschaltern ausgeführt. Das Funktionsprinzip ist sehr einfach: Sobald der rechts abgebildete Quecksilberschalter in der Rich-

Ausführungsbeispiel eines Quecksilber-Neingungsschalters:

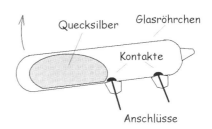

tung des Pfeils seine Neigung verändert, rollt der Quecksilbertropfen von links nach rechts und verbindet die zwei Anschlusskontakte leitend miteinander (Quecksilber ist ein guter elektrischer Leiter). Neben den echten Quecksilberschaltern werden gegenwärtig auch noch quecksilberfreie Neigungsschalter hergestellt, die sich das annähernd gleiche Prinzip zunutze machen.

21.2 Schalten mit Relais

Die Funktion der elektromagnetischen Relais und Zungenrelais wurde bereits im 3. Kapitel erläutert, und einige einfache Anwendungsbeispiele haben hier gezeigt, wozu solche Relais konkret gut sein können.

In der Elektrotechnik spielen vor allem die elektromagnetischen Relais eine wichtige Rolle, denn sie ermöglichen, dass Elektromotoren und diverse andere Elektrogeräte entweder manuell mittels eines Tasters geschaltet oder auf verschiedenste Weisen fernbedient oder automatisch gesteuert werden können. Wir zeigen nun einige praktische Anwendungen der elektromagnetischen Relais und fangen mit Beispielen an, die auch fürs individuelle Experimentieren interessant sind.

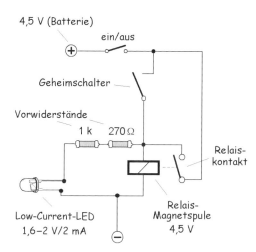

In einigen Filmen haben wir den Detektiv gesehen, der jeweils beim Verlassen seiner Wohnung ein Haar in die Tür geklemmt hat, um bei seiner Rückkehr sehen zu können, ob während seiner Abwesenheit jemand seine Wohnung betreten hat.

Bei der Haustür kann anstelle eines eingeklemmten Haares eine kleine Leuchtdiode, die nach dem nebenstehenden Beispiel von einem Relais „aktiviert" wird, nützliche Warndienste leisten. Die Funktion der Schaltung ist nur insofern erklärungsbedürftig, als hier das Relais als „selbsthaltend" geschaltet ist. Springt es einmal an, bleibt es so lange an, bis die Stromzufuhr abgeschaltet wird. Es versteht sich von selbst, dass die ganze Vorrichtung so zu installieren ist, dass sie einem Außenstehenden nicht auffällt – was bei etwas kreativer Fantasie kein Problem darstellen dürfte. Wie bereits in Kap. 16 erklärt wurde, braucht auch hier die LED einen Vorwiderstand, dessen ohmscher Wert theoretisch zwischen ca. 1.250 Ω und 1.450 Ω liegen sollte. Dies liegt außerhalb der Standardwerte von Kohleschichtwiderständen. Deshalb haben wir zwei Widerstände in Reihe eingezeichnet, die einen Endwert von 1.270 Ω ergeben.

Das „Warnsystem" nach vorhergehendem Beispiel kann selbstverständlich auch als Anwesenheits- oder Betätigungsmelder dienen, der noch zusätzlich mit einer grünen Stand-by-LED ausgestattet ist, die nach dem Einschalten der Stromzufuhr leuchtet und somit anzeigt, dass die Schaltung betriebsbereit ist. Solange der Geheimschalter offen ist (nicht aktiviert wird), erhält die grüne LED ihre Betriebsspannung über den „ruhen-

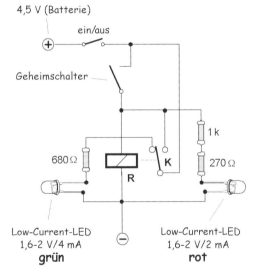

den" Relaiskontakt K und den 680-Ω-Vorwiderstand. Wird der Geheimschalter betätigt (beliebig kurz oder lang eingeschaltet), erhält die Relaisspule R ihre Versorgungsspannung und das Relais springt „selbsthaltend" an. Ab dem Moment erhalten über den Kontakt K sowohl die Relaisspule als auch die rote LED (über zwei Vorwiderstände) ihre Versorgungsspannung.

Fürs Experimentieren mit elektromagnetischen Relais eignet sich hervorragend auch eine sogenannte Prioritätsschaltung, die z. B. bei Kinderpartys für zwei Teilnehmer geeignet ist, die an einem Ratespiel teilnehmen. Wer von den zwei Teilnehmern die Antwort auf die gestellte Frage schneller kennt, der drückt eine Taste (A oder B), seine Leuchtdiode leuchtet auf und

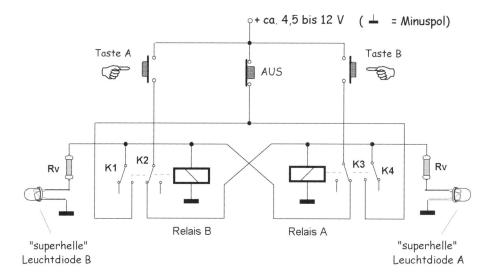

"superhelle"
Leuchtdiode B

"superhelle"
Leuchtdiode A

zeigt somit an, dass er der Schnellere war. Wird z. B. zuerst die Taste A betätigt, schaltet sie (über Kontakt K2) die Relaisspule A ein, wobei die Relaiskontakte K3 und K4 ihre Positionen ändern. K3 unterbricht in dem Moment die Verbindung von der Taste B zum Relais B (und seinem „Anhang"). Damit ist Taste B außer Betrieb. K4 fungiert hier als Selbsthaltekontakt des Relais A, dessen Magnetspule somit auch dann unter Spannung bleibt, wenn Taste A losgelassen wird. Abgeschaltet wird das Relais durch Antippen der Taste *AUS* (was dem Quizmaster zusteht). Danach kann die nächste Fragerunde beginnen.

Der ohmsche Wert der Vorwiderstände Rv hängt sowohl von dem Strom- und Spannungsbedarf der angewendeten Leuchtdioden als auch von der Versorgungsspannung ab, die in der Regel auf die Betriebsspannung der Relaisspulen abgestimmt wird. Wer dieses Buch bis hierher durchgelesen hat, dem wird es nicht schwer fallen, die passenden Vorwiderstände zu finden.

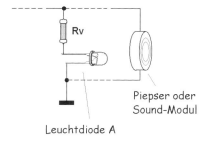

Leuchtdiode A

Als publikumswirksam erweist es sich, wenn das Aufleuchten der Diode (oder auch eines beliebigen anderen Lämpchens) noch mit einem Ton oder einem Tierlaut (Hahnenkrähen, Hundegebell u. a.) unterstützt wird. Zu diesem Zweck führt der Elektronikhandel diverse Piepser oder Sound-Module mit

Tierstimmen, die so eine Quiz-Show beleben und das Publikum zusätzlich belustigen.

Falls ein solches Modul eine niedrigere Versorgungsspannung benötigt als vorhanden ist, kann z. B. eine zusätzliche Zenerdiode die überschüssige Spannung abfangen. Wird z. B. ein Sound-Modul verwendet, dessen Betriebsspannung um 3 Volt niedriger liegt als die Hauptversorgungsspannung, fängt eine 3-Volt-Zenerdiode (z. B. die Type ZPD 3 V) die überschüssige Spannung von 3 Volt ab.

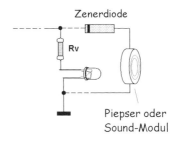

Benötigt ein Sound-Modul eine Betriebsspannung, die nur geringfügig niedriger, als die zur Verfügung stehende Hauptversorgungsspannung sein sollte, kann – anstelle der Zenerdiode – z. B. auch eine beliebige Siliziumgleichrichterdiode (oder auch zwei oder mehrere in Reihe geschaltete Dioden)

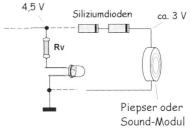

den Spannungsunterschied abfangen. Diese Dioden werden jedoch – im Gegensatz zu der Zenerdiode – in der *leitenden Richtung* eingelötet.

21.3 Bistabile Relais

Bistabile Relais erleichtern so manche Schaltaufgabe, denn sie benötigen jeweils nur einen kurzen Spannungsimpuls, um in die eine oder andere Schaltposition umzuspringen. Wie der Name andeutet, sind solche Relais in beiden Positionen stabil – so lange, bis sie einen weiteren Umschaltbefehl erhalten, bleiben sie in der letztlich eingenommenen Schaltposition „kleben" (wobei es sich oft um ein magnetisch bewirktes „Kleben" handelt).

Bistabile Relais werden wahlweise als Ein- oder Zweispulenrelais gefertigt und verfügen meist über 1–4 Umschaltkontakte (bezeichnet wird dies in den Katalogen als 1 × UM, 2 × UM oder 4 × UM). Anstelle von Ein- oder Zweispulenrelais werden diese auch als *bistabile Relais mit einer Wicklung* oder *bistabile Relais mit zwei Wicklungen* bezeichnet.

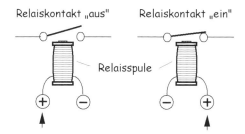

Bei bistabilen Einspulenrelais muss das Umschalten durch Änderung der Polarität der Spulenbetriebsspannung vorgenommen werden. Wie der Zeichnung links entnommen werden kann, wird die Bedienung eines solchen Relais kompliziert, weil beide Anschlüsse der Relaisspule polaritätsgerecht umgeschaltet werden müssen.

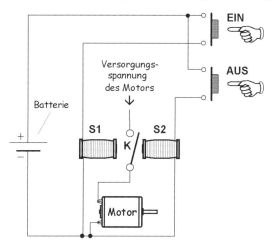

Wesentlich anwendungsfreundlicher sind bistabile Relais mit zwei Spulen (S1 und S2), denn sie können nur mit einfachen Tastern bedient werden. Ob der Relaisschaltkontakt K einen Gleich- oder Wechselstrommotor oder einen beliebigen anderen Verbraucher schaltet, ist egal, denn der Relaisschaltkontakt ist von dem Rest der Schaltung völlig isoliert. Wichtig ist nur, dass der Schaltkontakt laut technischen Daten für eine ausreichend hohe Schaltspannung und einen ausreichend hohen Schaltstrom ausgelegt ist. Die Relaisspulen solcher Relais sind wahlweise für Nennspannungen (Gleichspannungen) von z. B. 5 V, 6 V, 12 V oder 24 V gefertigt. Einige der 5-Volt-Relaisspulen arbeiten laut Herstellerdaten bei einer Versorgungsspannung von 3,75–9 Volt. Ein solches Relais kann z. B. mit einer 4,5-Volt-Batterie betrieben werden – was für einfache Experimente oder für einfache Selbstbauprojekte von Vorteil ist.

21.4 Kontrollglimmlampen

Wenn etwas geschaltet wird, sollte man wissen, ob dieses „Etwas" gerade ein- oder ausgeschaltet ist. Bei einem Licht oder bei einem in der Nähe befindlichen lärmenden Elektromotor genügt die optische oder akustische Wahrnehmung. Falls eine solche Kontrolle nicht möglich ist, bietet ein zusätzliches Kontrolllämpchen, das parallel zu dem geschalteten Verbraucher angeschlossen wird, die einfachste Hilfe.

Wenn ein Verbraucher geschaltet wird, der für eine relativ niedrige Nennspannung ausgelegt ist, kann als Kontrolllämpchen am besten eine Leuchtdiode (mit passendem Vorwiderstand) verwendet werden.

Wird ein 230-V~-Verbraucher geschaltet, eignet sich als Kontrolllampe eine sogenannte *Glimmlampe.* Glimmlampen sind wahlweise für volle 230-V~-Netzspannungen oder auch für niedrigere Wechselspannungen erhältlich, die in den Prospekten als *Zündspannungen* angegeben werden. Wird z. B. bei einer Glimmlampe angegeben, dass

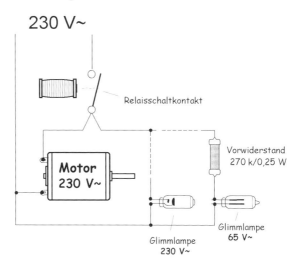

sie für eine Zündspannung von 65 V~ ausgelegt ist, benötigt sie beim Anschluss an 230-V~-einen Vorwiderstand, dessen Wert oft bei den technischen Daten angegeben wird. In unserem Beispiel (s. o.) benötigt die 65-Volt-Glimmlampe einen 207-kΩ-Vorwiderstand. Eine 230-V~-Glimmlampe kann dagegen – wie abgebildet – ohne Vorwiderstand direkt an die volle Netzspannung angeschlossen werden.

21.5 Elektronische Lastrelais

Elektronische Lastrelais kann man als moderne Gegenstücke zu den herkömmlichen elektromagnetischen Relais bezeichnen. Die mechanischen Kontakte der elektromagnetischen Relais, die bei kräftigerem Schalten relativ bald verschleißen, ersetzen bei elektronischen Lastrelais schaltende Halbleiter (Transistoren und Triacs). Dadurch sind die elektronischen Relais in Hinsicht auf die Lebensdauer den elektromagnetischen Relais weit überlegen – leider aber auch im Preis.

Zudem sind elektronische Lastrelais nicht so universal verwendbar wie elektromagnetische Relais, und zu ihren Nachteilen gehört auch, dass sie überwiegend als „Schließer" (1 × EIN) ausgelegt sind. Das kompliziert unter Umständen die Anwendung, denn die fehlenden Kontakte müssen auf eine andere Weise (z. B. durch zusätzliche elektronische Steuerung) ersetzt werden.

Abgesehen davon kann ein elektronisches Lastrelais nicht wie ein elektromagnetisches Relais einfach sowohl für das Schalten von Gleichstrom als auch für das Schalten von Wechselstrom verwendet werden. Daher ist bereits bei der Anschaffung darauf zu achten, für welche Stromart das Relais vorgesehen ist.

Elektronische Lastrelais, die für das Schalten von Gleichstrom ausgelegt sind, bestehen – wie unten abgebildet – aus zwei Funktionsteilen: dem Steuerkreis mit Verstärker und dem Schaltkreis. Der Steuerkreis ersetzt hier die Magnetspule eines elektromagnetischen Relais. Er besteht bei den meisten elektronischen Relais aus einer Leuchtdiode (LED) mit Vorwiderstand. Sobald der Steuerkreis eine ausreichend hohe Steuerspannung erhält (die z. B. zwischen 3 V und 32 V liegen darf), belichtet die LED den internen Fototransistor und dieser schaltet – mithilfe eines zusätzlichen Verstärkers – den eigentlichen Schalttransistor ein. Der Transistor schaltet (als Schaltkontakt) die an ihm angeschlossene Spannung nur in der eingezeichneten Richtung. Wird die Polarität des Anschlusses versehentlich verwechselt, leitet die interne Schutzdiode die Spannung wie ein geschlossener Kontakt einfach zu dem Verbraucher durch.

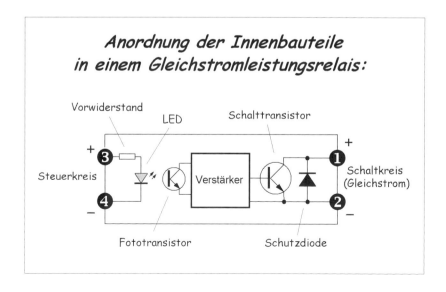

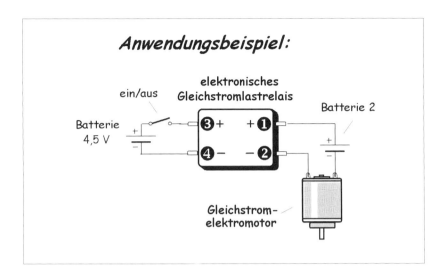

Die praktische Anwendung eines solchen elektronischen Lastrelais stellt bescheidene Ansprüche an die Steuerspannung. Wir haben hier eine 4,5-Volt-Batterie eingezeichnet, mit der das Relais betätigt werden kann. Wenn der Steuereingang des Relais laut technischen Daten für einen breiteren Spannungsbereich – von z. B. 3–32 V – ausgelegt ist, kann das Relais eingangsseitig einfach mit einer beliebig hohen Gleichspannung geschaltet werden, die in dem vorgegebenen Bereich liegt. Das ist im Vergleich zu elektromagnetischen Relais ein Vorteil, denn dort benötigt die Magnetspule die vom Hersteller vorgegebene Spannung (mit relativ kleinen Abweichungen). Abgesehen davon bezieht der Steuereingang eines elektronischen Relais nur einen sehr geringen Steuerstrom (LED-Strom).

Elektronische Lastrelais, die für das Schalten von Wechselstrom ausgelegt sind, unterscheiden sich eingangsseitig (und somit in Hinsicht auf die Steuerung) nicht von den vorher beschriebenen Gleichstromrelais. Da sie jedoch Wechselstrom schalten müssen, verwenden sie – anstelle eines Schalttransistors – einen *Triac* (Wechselstrom-Schaltbaustein). Zudem verfügen sie über einen so genannten *Nullspannungsschalter,* der dafür zuständig ist, dass er die Last exakt in dem Moment zuschaltet, in dem die Sinusoide der Wechselspannung ihren Nullpunkt durchschreitet.

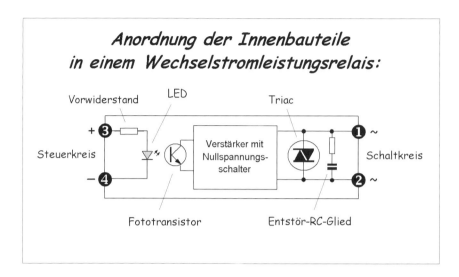

**Anordnung der Innenbauteile
in einem Wechselstromleistungsrelais:**

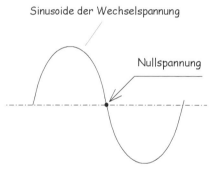

Sinusoide der Wechselspannung

Nullspannung

Erfolgt das Zuschalten einer Last mittels eines Nullspannungsschalters in dem Moment, in dem die Sinusoide der Wechselspannung ihren Nullpunkt durchschreitet, bezieht die Last vorübergehend keine Leistung (keine Spannung = keine Leistungsabnahme). Das wirkt sich auf das Leistungsrelais schonend aus, denn diese Art des Schaltens stellt sich in der Zeitlupenaufnahme wie z. B. ein Einschalten mit sanft gleitender Spannungsregelung dar. Demzufolge entstehen beim Einschaltvorgang keine Leistungsstöße, die sich auf die Umgebung als elektromagnetische Störquellen auswirken.

Die praktische Anwendung eines elektronischen Wechselstromlastrelais unterscheidet sich bezüglich der Steuerung nicht von der Anwendung des Gleichstromleistungsrelais aus dem bereits aufgeführten Beispiel. Der Relaisausgang stellt in diesem Fall keinen Anspruch auf das Einhalten der Polarität und kann – anstelle des eingezeichneten Elektromotors – beliebige andere Netzspannungsverbraucher schalten. Allerdings ist darauf hinzuweisen, dass ein *Nullspannungsschalter* nicht automatisch in jedem elektronischen Wechselstromlastrelais integriert ist. Wenn auf die Existenz eines solchen Schalters nicht ausdrücklich in den technischen Daten hingewiesen wird, ist es wahrscheinlich, dass er bei *dieser* Relaistype nicht vorhanden ist.

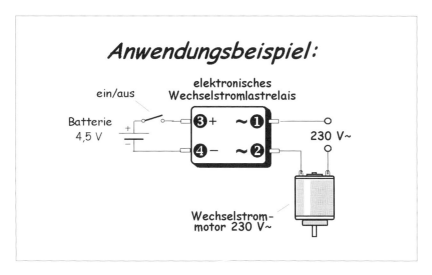

Ähnlich wie bei elektromagnetischen Relais ist auch bei den elektronischen Relais auf ihre maximale Belastbarkeit zu achten. Diese wird z. B. von „Schaltstrom 8 A, Schaltspannung 250 V~" angegeben. Da bei allen elektronischen Relais die eigentliche Steuerung des Schaltvorgangs nur mittels eines Lichtstrahls geschieht, mit dem die Leuchtdiode (LED) kontaktlos einen Fototransistor aktiviert, ist der Steuereingang von dem Schaltausgang elektrisch völlig getrennt (isoliert).

Außerdem hat in einigen elektronischen Relais die Leuchtdiode (LED) keinen internen Vorwiderstand. Dieser muss daher extern angebracht werden. Bei elektronischen Relais, deren LED über keinen internen Vorwi-

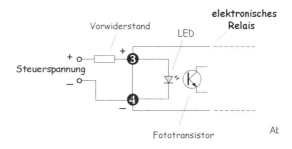

derstand verfügt, wird diese Tatsache nur selten ausdrücklich hervorgehoben. Sie geht jedoch daraus hervor, dass in den technischen Daten nicht die LED-Spannung (als von ... bis), sondern der LED-Strom (als z. B. „8 mA") angegeben wird. Hier muss dann der externe Vorwiderstand ähnlich wie bei einer normalen Leuchtdiode so auf die vorgesehene Steuerspannung abgestimmt werden, dass der LED-Strom die vorgegebenen 8 mA beträgt (was mit einem Milliamperemeter oder Multimeter kontrolliert werden sollte).

22 Sicherungen

Wenn bei einem Elektrogerät oder beim Hausnetz eine Sicherung durchbrennt, gehören das Abschalten und der Verzicht auf ein erneutes Einschalten des Gerätes oder des Stromkreises zu den ersten vernünftigen Schritten. Es hat schließlich einen Grund, dass die Sicherung durchgebrannt ist.

Bei Sicherungen ist die Belastbarkeit genau definiert: mit dem maximalen Strom, den die Sicherung verkraftet. Falls der Strom durch einen Kurzschluss oder wegen Überbelastung den Nennstrom einer Sicherung überschreitet, brennt ihr dünnes Drähtchen durch.

Ausführungsbeispiel einer Glasschmelzsicherung:

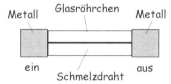

Metall Glasröhrchen Metall

ein Schmelzdraht aus

Bei Erneuerung einer ausgedienten Sicherung (Schmelzsicherung) ist wichtig zu wissen, dass es bei einigen Sorten von Sicherungen drei Typen gibt: *flink, mittelträge* und *träge.* Diese Einteilung hat einen leicht nachvollziehbaren Grund:

Flinke Sicherungen werden dort eingesetzt, wo der eigentliche Einschaltvorgang keinen nennenswert erhöhten Stromstoß zur Folge hat. Bei einigen elektrischen Verbrauchern, zu denen z. B. belastete Elektromotoren, Elektropumpen oder Glühbirnen gehören, ist der eigentliche Einschaltstrom vorübergehend erheblich höher als der normale Arbeitsstrom. Hier werden meist träge oder mittelträge Sicherungen eingesetzt, weil sie andernfalls derartig überdimensioniert werden müssten, dass sie dann nur gegen einen echten Kurzschluss, nicht aber gegen eine Überlastung einen Schutz bieten.

Ein Induktionsmotor bezieht beim Einschalten einen Strom, der oft bis zu
7-mal höher ist als seine normale Dau-
erstromabnahme. Der ohmsche Widerstand des kalten Wolframglühfadens
einer herkömmlichen Glühbirne liegt
nur bei ca. 9 % bis 10 % eines glühen-
den Glühfadens. Im Augenblick des
Einschaltens bezieht eine Glühbirne
somit einen Strom, der theoretisch bis
zu 11-mal höher als ihr normaler
Nennstrom ist.

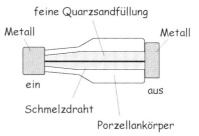

*Ausführungsbeispiel
einer Porzellan-
schmelzsicherung
im Schnitt:*

Anders als Elektromotoren – oder diverse andere induktive Lasten – bezieht
die Glühbirne den erhöhten Strom nur einige Millisekunden lang. Hier hat
das Drähtchen einer Schmelzsicherung gar nicht die Zeit, sich richtig aufzuheizen und durchzubrennen. Bei einem Elektromotor dauert dagegen die
erhöhte Stromabnahme (abhängig von seiner mechanischen Belastung) einige Sekunden. Hier muss die Sicherung – oder auch der Sicherungsautomat – fähig sein, diese Zeitspanne durchzustehen.

In Hausnetzen und Industriean-
lagen wurden früher Porzellan-
schmelzsicherungen verwendet.
Heute werden Sicherungsautomaten (neudeutsch „Leitungsschutzschalter") bevorzugt, die
entweder einpolig (Einphasenau-
tomaten) oder dreipolig (Drei-
phasenautomaten) ausgelegt
sind. Mit einpoligen Sicherungsautomaten werden Licht- und
„normale" Steckdosenleitungen
geschützt.

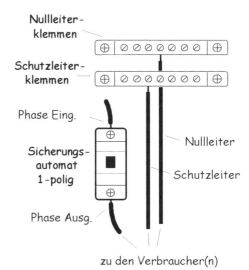

Dreipolige Sicherungsautomaten sind für die Sicherung von
Dreiphasenverbrauchern (Kü-
chenherde, Drehstromelektromotoren) oder Drehstromsteckdosen bestimmt.
In beiden Fällen werden über diese „normalen" Sicherungsautomaten jeweils nur die Phasenleiter angeschlossen. Neutralleiter (*Nullleiter*) und

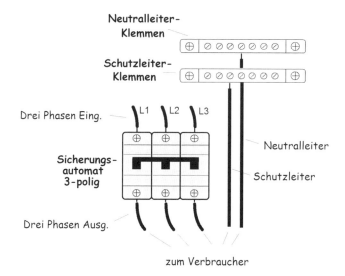

Schutzleiter (Erdleiter) werden zu den Verbrauchern (oder zu den Steckdosen) direkt weitergeleitet.

Sowohl die einpoligen als auch die dreipoligen Sicherungsautomaten sind wahlweise in der Form von sogenannten *Fehlerstrom(FI)-Schutzschaltern* erhältlich. Diese Automaten kontrollieren, ob in dem ganzen Schaltkreis „Phase – Neutralleiter" nirgendwo Strom verloren geht. Falls ja, schalten sie sofort die Stromzufuhr ab. Die meisten der neueren FI-Schutzschalter verhalten sich „zusätzlich" ähnlich wie normale Sicherungsautomaten: Sie

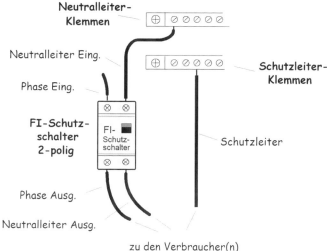

schalten sowohl bei einem Kurzschluss als auch bei einer Überlastung den an sie angeschlossenen Stromkreis ab. Einige der einfacheren FI-Schalter schalten nur bei einem Kurzschluss ab, gewährleisten aber keinen Überlastschutz. Solchen FI-Schaltern müssen zusätzliche Sicherungsautomaten (Leitungsschutzschalter) vorgeschaltet werden.

Wir haben bereits in Zusammenhang mit der Batteriestromversorgung erwähnt, dass in einem Schaltkreis – egal wie er auch ausgelegt ist oder welche Lasten angeschlossen sind – der Strom immer konstant bleibt: Was aus dem Pluspol der Batterie in den Schaltkreis hineinfließt, das kehrt *vollständig* zum Minuspol zurück. Das Entsprechende gilt auch für den Wechselstrom. Was durch den FI-Schalter an einer Seite herausströmt, muss an der anderen Seite wieder zurückkommen.

Wird beispielsweise einer der Leiter mit der Hand berührt – was z. B. bei einem beschädigten Rasenmäherkabel leicht passieren kann – fließt über den Körper ein Teil des elektrischen Stroms in die Erde. Diesen fehlenden Strom registriert der FI-Schutzschalter blitzschnell – und schaltet ab. Er schaltet natürlich auch dann ab, wenn z. B. ein Elektrogerät feucht wird und sich dadurch der Phasenleiter oder der Neutralleiter mit dem Schutzleiter „leicht leitend" verbindet.

Fehlerstromschutzschalter sind auch in der Form von Zwischensteckern oder Steckdosen erhältlich und können somit nach Bedarf und auch im Nachhinein installiert werden.

Dreiphasen-FI-Schalter überwachen die Summe der Ströme aller drei Phasen. Sie werden oft als Hauptschalter im Verteilerkasten (Sicherungsautomatenschrank) installiert und überwachen somit z. B. das ganze Hausnetz. Alternativ setzt man sie anstelle von herkömmlichen Sicherungen als Schutzschalter für Drehstrommotoren ein. Diese Schalter werden als „vierpolig" bezeichnet, weil sie neben den drei Drehstromphasen (3×400 V) auch noch den Neutralleiter schalten.

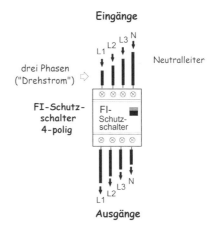

23 Drahtloses Schalten

Drahtloses Schalten kennen wir hauptsächlich von der Fernbedienung der Geräte, die als „Unterhaltungselektronik" bezeichnet werden.

Fernbedienungen, die für das Schalten von Geräten vorgesehen sind, die in demselben Raum stehen, verwenden überwiegend codiertes Infrarotlicht zum Übertragen der Schaltbefehle. Fernbedienungen, die ihre Befehle auch durch Wände senden sollen, sind mit Funksendern ausgelegt. Bei Funkfernbedienungen und Fernschaltern wird üblicherweise auch ihre Reichweite angegeben – allerdings nur als Richtwert.

Funk-Steckdosenschalter, Funklichtschalter, Funkdimmer, Funktürglocken und diverse andere Funkfernschalter sind in großer Auswahl (und oft zu sehr günstigen Preisen) erhältlich. Sie können Aufgaben übernehmen, die sich ansonsten nicht vergleichbar bequem erledigen ließen oder auf eine andere Weise nur schwer zu bewerkstelligen wären.

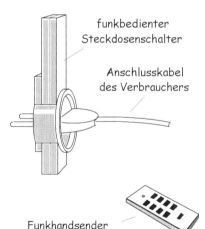

funkbedienter
Steckdosenschalter

Anschlusskabel
des Verbrauchers

Funkhandsender

Das Funktionsprinzip eines Steckdosen- oder Lichtschalters ist einfach: Der Handsender aktiviert mittels einer codierten Funkfrequenz den Steckdosen- oder Lichtschalter-Empfänger, in dem ein Schaltrelais den elektrischen Strom ein- oder ausschaltet.

Die meisten dieser Relais verfügen allerdings nur über einen einzigen Schaltkontakt und schalten daher den elektrischen Strom nur einpolig. Ein ausgeschalteter Steckdosenfunkempfänger unterbricht möglicherweise (je nach der Anordnung der Leiter in der Steckdose) nicht die Phase,

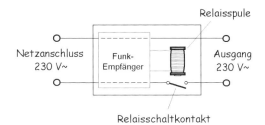

Funkgesteuerter Netzschalter

sondern nur den Neutralleiter. Die Steckdose des Funkempfängers ist somit am Ausgang nicht als stromfrei zu betrachten. Darauf ist zu achten, denn die Phase ist der „Bösewicht" der Netzspannung. Bei der Installation eines Funklichtschalters hat man es in der Hand, welchen Leiter der Schaltkontakt des Funkempfängerrelais unterbricht. Das sollte aus Sicherheitsgründen grundsätzlich die Phase sein.

Neben netzbetriebenen Funkfernschaltern gibt es auch mit Gleichspannung betriebene Fernschalter. Sie verfügen meist über Umschaltkontakte, die potenzialfrei ausgeführt sind. Sie schalten somit keine Spannung durch, son-

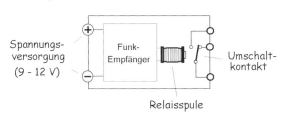

Funkgesteuerter Schalter mit potenzialfreiem Umschaltkontakt

dern stehen einfach für beliebige Anschlüsse zur Verfügung. Manche dieser Fernschalter sind mit mehreren Fernschaltkanälen ausgelegt, von denen jeder sein eigenes Relais und seinen eigenen Umschaltkontakt bedient.

Netzfunkschalter sind meist wesentlich preiswerter als Gleichspannungsfunkschalter und können bei Bedarf für netzunabhängiges Schalten einfach dadurch umfunktioniert werden, dass man an sie ein externes Relais anschließt, dessen Magnetspule für 230 V~ ausgelegt ist.

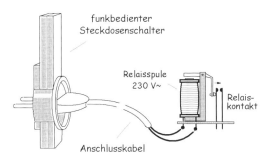

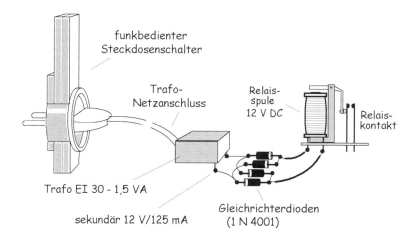

Alternativ kann – wie oben abgebildet – an den Ausgang eines Steckdosen-funkschalters ein kleiner preiswerter Transformator mit vier Gleichrichter-dioden angeschlossen werden, der die Versorgungsspannung (von z. B. 12 Volt) für ein (ebenfalls preiswertes) Kleinrelais liefert. Hier ist nur dar-auf zu achten, dass die Relaisspule nicht einen höheren Strom bezieht, als der verwendete Transformator liefern kann (was jedoch bei Anwendung ei-nes Kleinrelais und eines preiswerten „EI 30/1,5 VA"-Transformators nicht droht).

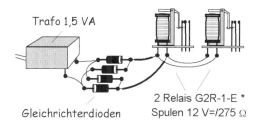

Die meisten Kleinrelais (z. B. die preiswerte Standardtype G2R-2) verfügen nur über zwei Umschaltkontakte (2 × UM). Die 12-Volt-Magnetspu-le dieses Relais hat z. B. einen Widerstand von 275 Ω und be-zieht somit bei einer 12-Volt-Gleichspannung nur einen Strom von ca. 44 mA (12 V : 275 Ω = 0,0436 A). Der Trafo EI 30/1,5 VA (aus vorhergehendem Beispiel) kann sekundär einen Strom von bis zu 125 mA liefern und könnte somit bei Bedarf zwei Relais der Type G2R-2 parallel schalten. Eine solche Lösung bietet sich an, wenn für ein Vorhaben vier Umschaltkontakte benötigt werden und ein passendes „4 × UM"-Re-lais nicht zur Verfügung steht.

Für einfache Elektroinstallationen gibt es verschiedene Arten von Funk-
schaltern, die als Fertigbausteine ausgelegt sind.

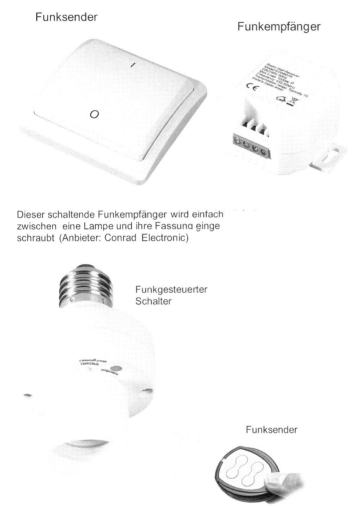

Funksender

Funkempfänger

Dieser schaltende Funkempfänger wird einfach
zwischen eine Lampe und ihre Fassung einge
schraubt (Anbieter: Conrad Electronic)

Funkgesteuerter
Schalter

Funksender

Bei der Anschaffung dieser Bausteine ist darauf zu achten, dass sie auch
tatsächlich kompatibel sind und z. B. nicht nur über eine zusätzliche Funk-
zentrale geschaltet werden können.

24 Transistoren

Transistoren gehören zu den wichtigsten aktiven Bauteilen der Elektrotechnik. Die Bezeichnung „aktiv" weist darauf hin, dass sie fähig sind, eine ihnen zugeführte Spannung zu verstärken oder auf veränderte Situationen aktiv zu reagieren. In der Leistungselektrotechnik und der Leistungselektronik werden Transistoren u. a. als Schalter und „Ventile" verwendet. Sie können allerdings viel mehr, aber das wäre ein Thema für ein ganzes Buch.

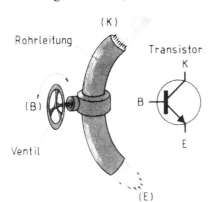

Das eigentliche Funktionsprinzip eines Transistors ist sehr einfach: Der elektrische Strom fließt in einem „einfachen" Transistor vom Kollektor K zum Emitter E auf dieselbe Weise wie das Wasser in der Rohrleitung. Die Basis B des Transistors hat eine ähnliche Funktion wie das Ventil an der Rohrleitung: Sie kann den Stromdurchfluss regeln oder ganz schließen.

Es gibt eine Unmenge an verschiedensten Transistoren. Die einfachsten haben nur drei Anschlüsse (drei Füßchen), einige der spezielleren *Feldeffekttransistoren* haben bis zu fünf Anschlüsse, die eine aufwendigere Steuerung oder „Signalzufuhr" ermöglichen. Die Feldeffekttransistoren repräsentieren sozusagen die modernere Gattung der herkömmlichen Transistoren, die als *bipolare* Transistoren bezeichnet werden.

Bipolare Transistoren sind wahlweise als NPN- oder PNP-Typen ausgelegt. Der Unterschied wird bei dem Schaltzeichen durch die Pfeilrichtung des Emitterbeinchens angezeigt. Ähnlich wie bei dem Schaltzeichen einer Diode zeigt auch hier der Pfeil die Polarität an: Bei einem NPN-Transistor wird der Kollektor K, bei einem PNP-Transistor dagegen der Emitter E an die Plusspannung angeschlossen (meist jedoch über einen Widerstand oder eine andere Last). Der Kreis um das eigentliche Schaltzeichen wird oft weggelassen.

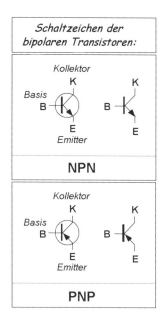

In der Praxis werden NPN-Transistoren den PNP-Transistoren vorgezogen, denn das erleichtert die Handhabung. Bei PNP-Transistoren muss man viele Denkvorgänge ins „Spiegelbild" transferieren, und das kompliziert die Sache. Es gibt jedoch auch Schaltungen, in denen sogenannte *komplementäre* Transistorenduos angewendet werden, die jeweils aus einem NPN- und einem PNP-Transistor bestehen.

Feldeffekttransistoren, die auch als unipolare Transistoren bezeichnet werden, weisen gegenüber den bipolaren Transistoren etliche Vorteile auf. Sie können – im Vergleich zu den bipolaren Transistoren – mit einer wesentlich geringfügigeren Spannung und zudem praktisch fast ohne jeglichen Leistungsverbrauch gesteuert werden. Diesen Vorteil hatten zwar ursprünglich auch die Elektronenröhren, nicht aber die bipolaren Transistoren, deren Basis in der Hinsicht ziemlich verfressen ist.

Ähnlich wie bei den NPN- und PNP-bipolaren Transistoren gibt es auch bei den Feldeffekt-Transistoren zwei „polaritätsunterschiedliche" Gruppen: *N-Kanal-* und *P-Kanal-FETs* („FET" ist die gebräuchliche Abkürzung für Feldeffekttransistoren). Ihre Anschlüsse werden als *SOURCE, DRAIN* und *GATE* bezeichnet. Wie aus dem nebenstehenden Schaltzeichen hervorgeht, wird bei den Feldeffekttransistoren der Unterschied zwischen *SOURCE* und *DRAIN* nur mit den Buchstaben S und D gekennzeich-

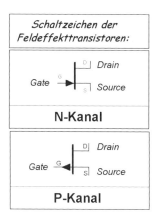

net. Bei den FETs wird das Schaltzeichen in Schaltplänen überwiegend ohne Kreis gezeichnet.

Viele *Feldeffekttransistoren* werden als *MOSFETs* bezeichnet. Das „*MOS*" steht hier für „metal-oxyd-semiconductor". Die MOS-Technologie bewirkt (unter anderem), dass sich der Eingangswiderstand des Halbleiters noch mehr erhöht.

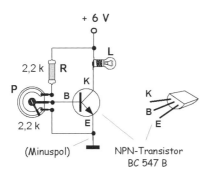

Die Funktionsweise eines „normalen" (bipolaren) Transistors zeigt das nebenstehende Beispiel: Mit dem Einstellpotenziometer P kann die Basisspannung des Transistors und damit die Lichtintensität des Lämpchens geregelt werden. Für den Nachbau einer solchen Versuchsschaltung kann fast jeder beliebige bipolare NPN-Kleintransistor verwendet werden – so z. B. die preiswerten Typen BC 547 und BC 548. Der Schleifer des Einstellpotenziometers P muss vor Inbetriebnahme der Schaltung zu der Masse herabgedreht werden. Nach dem Einschalten der Versorgungsspannung wird der Schleifer langsam und vorsichtig in Richtung Widerstand R gedreht, wodurch die Spannung an der Basis (B) des Transistors langsam erhöht wird – bis sich der Transistor öffnet und das Lämpchen aufleuchtet.

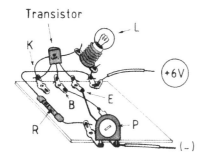

Die vorhergehende Versuchsschaltung kann auf einer handelsüblichen zweireihigen Pertinax-Lötleiste aufgebaut werden. Anstelle des eingezeichneten Glühlämpchens kann auch eine 20-mA-Standardleuchtdiode in Reihe mit einem 220-Ω-Vorwiderstand oder ein 6-Volt-Kleinrelais eingesetzt werden (das Relais „springt an" sobald die Basisspannung mit Potenziometer P auf den „Soll-Wert" erhöht wird).

Zu den interessanten Schaltungen mit Transistoren gehören Blinker. Bei dieser nachbauleichten Schaltung eines Multivibrators blinken die zwei LEDs in einem Warnlichtertakt. Durch Erhöhung der Kapazität der zwei Elektrolytkondensatoren sinkt die Taktfrequenz – und umgekehrt. Wenn die Kondensatoren ungleiche Kapazitäten haben, wird das Blinken „hinken" (die eine LED leuchtet jeweils länger als die andere).

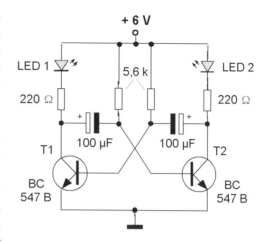

Die vorhergehende Schaltung wurde mit den üblichen Schaltzeichen erstellt. Das erleichtert eine schnelle Orientierung. Um auch einem unerfahrenen Einsteiger den Nachbau zu erleichtern, haben wir hier dieselbe Schaltung nochmal bildlich aufgeführt.

Manchmal passiert es, dass eine solche Schaltung gar nicht daran denkt, mit dem Blinken anzufangen, und einfach nur eine der Leuchtdioden konstant leuchten lässt. In die-

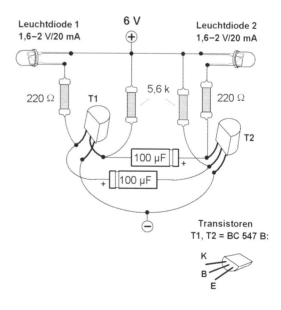

sem Fall zwingt man ihr den Start dadurch auf, dass an einer der Leuchtdioden kurz die Verbindung mit der Plusspannung unterbrochen wird.

Nachbauleichte Schaltung einer elektronischen Tom-Tom-Trommel:

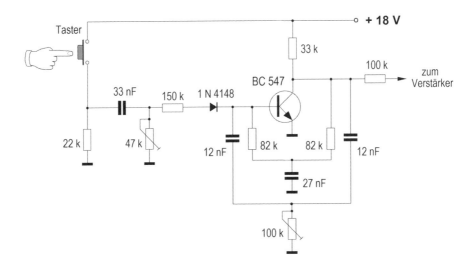

Schaltung eines einfachen Dämmerungsschalters mit dem IC "4066":

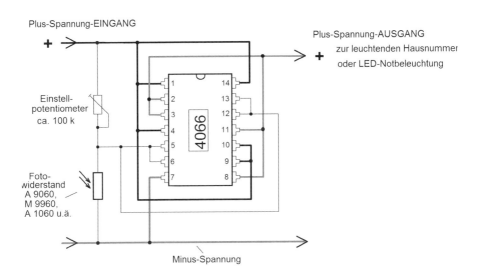

25 Integrierte Schaltungen – ICs

Eine integrierte Schaltung (Abkürzung IC für „integrated circuit") ist vom Prinzip her nichts anderes als eine größere (bis sehr große) Menge winziger Transistoren, Dioden und evtl. auch anderen speziellen Komponenten, die auf einer gemeinsamen kleinen Siliziumscheibe (Chip) eingeätzt sind. Nachdem die Anschlüsse des Chips an die „IC-Füßchen" mit dünnen Drähten angeschlossen werden, wird der Chip in einen Kunststoffkörper eingegossen.

Ein praktisches Anwendungsbeispiel eines kleineren Dreiklang-Gong-ICs der Type SAE 800 zeigt diese nachbauleichte Schaltung. Die Tasten T1 bis T3 sind Klingeltasten, die wahlweise einen Ein-, Zwei- oder Dreiklanggong aktivieren (T1 = 1 Klang, T2 = 2 Klänge, T3 = 3 Klänge). Falls nur eine Klingeltaste benötigt wird, entfallen die Tasten T1 und T2. Der IC ist in Ansicht von oben gezeichnet. Achten Sie beim Nachbau bitte darauf, dass die Nummerierung der IC-Anschlüsse (Pins) <u>gegen</u>

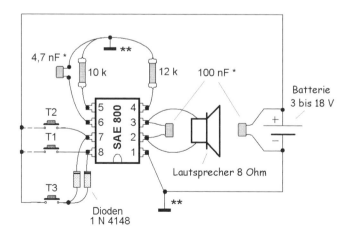

* Kondensatoren beliebiger Ausführung
** beide „Massen" sind miteinander leitend verbunden

den Uhrzeigersinn bei der Einkerbung anfängt (dies gilt für jeden IC solcher Bauart). Die hier eingezeichneten Anschlüsse sollten nicht direkt auf die Füßchen des IC, sondern auf eine IC-Fassung angelötet werden. Diesen IC bietet *Conrad Electronic* unter Bestell-Nr. 18 42 09 an (siehe Bezugsquellennachweis am Buchende).

Im Gegensatz zu dem vorhergehenden Gong-IC, der speziell für eine vorgegebene Anwendungsart entwickelt wurde, gibt es auch diverse ICs, die vielseitig verwendet werden können. Einer der bekanntesten Repräsentanten ist der kleine Timer-IC der Type NE 555, der verblüffend vielseitig angewendet werden kann – natürlich auch als ein einfacher Timer, dessen nachbauleichte Schaltung hervorragend fürs Experimentieren geeignet ist. Ein Timer in dieser einfachen Form kann an seinem Schaltausgang (Pin 3) theoretisch einen Strom von bis zu 200 mA schalten (praktisch sollten wir ihn mit maximal ca. 150 mA belasten). Sobald die Start-Taste betätigt wird, leuchtet die LED auf. Ihre Einschaltdauer hängt von der Einstellung des Potenziometers P und von der Kapazität des Kondensators C2 ab. Bei einer Kapazität von ca. 470 µF beträgt die max. Einschaltdauer etwa eine halbe Stunde, bei einer Kapazität von 220 µF nur etwa 14 Minuten usw.

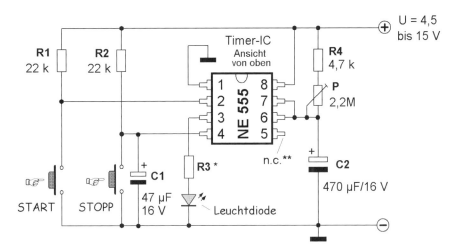

* Bei einer „2 V bis 2,7 V/20 mA"- LED und U = 4,5 V: R3 = ca. 150 Ohm/0,25 W;
  bei derselben LED und U = 6 V: R3 = ca. 220 Ohm/0,25 W
** nicht angeschlossen

Anstelle der im vorhergehenden Schaltplan eingezeichneten Leuchtdiode kann dieser „Timer" auch ein elektromagnetisches Relais betätigen. Die Nennspannung der Relaisspule muss auf die angewendete Spannungsversorgung der Schaltung abgestimmt werden (genau genommen darf die Versorgungs-

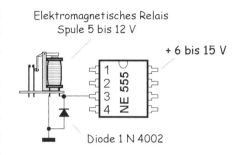

Elektromagnetisches Relais
Spule 5 bis 12 V

+ 6 bis 15 V

Diode 1 N 4002

spannung um ca. 2 Volt höher liegen als die Nennspannung der Relaisspule – was auch in Hinsicht auf die Spannungsverluste in dem IC von Vorteil ist). Die Schutzdiode 1 N 4002, die parallel zu der Relaisspule eingezeichnet ist, darf nicht fehlen! Sie schützt den IC vor zu großen Spannungsstößen, die beim Abschalten der Relaisspule entstehen. In Kombination mit dem eingezeichneten Relais kann sich der Timer z. B. als Treppenautomat oder als Alarmgeber nützlich machen. Die STOPP-Taste kann entfallen und die START-Taste bei Alarmgeben durch einen Alarmkontakt – oder auch durch mehrere parallel angeschlossene Alarmkontakte (die z. B. als Tür- oder Trittmattenkontakte ausgelegt sind) – ersetzt werden.

Braucht man einen Timer, der nach Ablauf der eingestellten Zeit piepst, ist ein zusätzlicher Einschaltvorgang für die Bedienung eines Piepsers erforderlich. Dies kann mithilfe von zwei in Reihe geschalteten Timern nach diesem Beispiel bewerkstelligt werden. Diese Schaltung funktioniert folgendermaßen: Sobald der Timer 1 abschaltet, erhält Timer 2 von ihm über den Kondensator C5 einen Startbefehl und schaltet den Piepser (von seinem „Schaltausgang" an Pin 3) ein. Mit P1 wird am ersten Timer die Zeitspanne eingestellt, nach deren Ablauf der zweite Timer automatisch startet. Mit dem Potenziometer P2 wird am zweiten Timer die Zeitdauer des Piepsens eingestellt (danach schaltet sich der Timer automatisch ab).

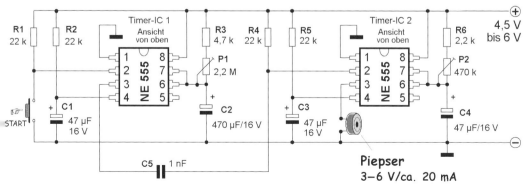

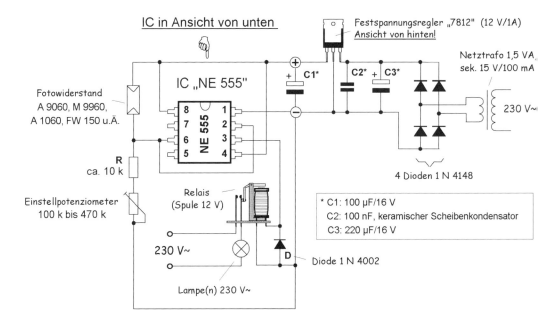

Ein Dämmerungsschalter, der nach der Dämmerung automatisch eine Außenlampe einschaltet (und beim Morgengrauen wieder ausschaltet) ist eine Vorrichtung, die vor allem als Einbruchsschutz wertvolle Dienste leistet. Die hier aufgeführte Schaltung funktioniert praktisch mit jedem Fotowiderstand auf Anhieb. Während des Experimentierens kann der Fotowiderstand z. B. mit einem Tuch verdeckt werden, um auszutesten, wie (und wann) die Schaltung auf eine solche künstliche Dämmerung reagiert.

Das eigentliche Funktionsprinzip ist einfach: Solange der Fotowiderstand beleuchtet ist, liegt sein Widerstand zwischen einigen Hundert und einigen Tausend Ohm (was sich bei abgeschalteter Spannung mit einem Ohmmeter leicht ermitteln lässt). Somit erhalten über ihn die Pins 6 und 2 eine positive Spannung, was zur Folge hat, dass der Schaltausgang des IC an Pin 3 fast spannungsfrei ist. Sobald bei Dämmerung der Fotowiderstand nur sehr schwach beleuchtet ist, steigt sein ohmscher Wert auf einige Hundert Kiloohm an. Damit sinkt die Steuerspannung an den Pins 6 und 2 auf einen Wert, bei dem der Schaltausgang (Pin 3) von seiner „Fast-Nullspannung" auf eine positive Spannung kippt, die das Relais einschaltet.

Da ein solcher Dämmerungsschalter ohne ein eigenes Netzteil kaum brauchbar ist, haben wir dieses ebenfalls eingezeichnet. Die ganze Schaltung passt – samt dem kleinen Transformator – u. a. in eine kleine Elektro-Aufputz-Abzweigdose. Der Fotowiderstand kann bei Bedarf auch außerhalb der Dose installiert werden (die Länge der Zuleitung ist nicht kritisch, und die 12-Volt-Spannung ist nicht gefährlich).

Einige weitere Anwendungsbeispiele von integrierten Schaltungen zeigen folgende nachbauleichte Schaltungen:

Fernschalten mit einem Funk-Türglocke-System:

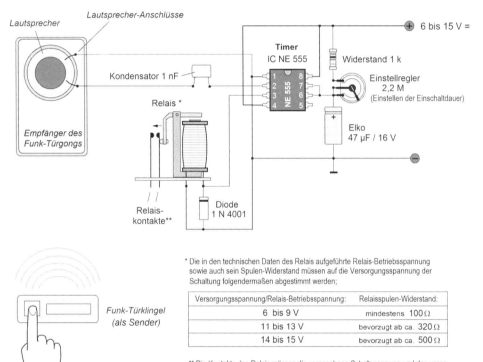

* Die in den technischen Daten des Relais aufgeführte Relais-Betriebsspannung sowie auch sein Spulen-Widerstand müssen auf die Versorgungsspannung der Schaltung folgendermaßen abgestimmt werden;

Versorgungsspannung/Relais-Betriebsspannung:	Relaisspulen-Widerstand:
6 bis 9 V	mindestens 100 Ω
11 bis 13 V	bevorzugt ab ca. 320 Ω
14 bis 15 V	bevorzugt ab ca. 500 Ω

** Die Kontakte des Relais müssen die vorgesehene Schaltspannung und den vorgesehenen Schaltstrom verkraften können (siehe hierzu die im Katalog aufgeführten technischen Daten des Relais).

Nun könnten noch etliche Tausend weiterer nachbauleichter Beispiele folgen, denn integrierte Schaltungen gibt es in einer sehr großen Auswahl. Und nicht nur integrierte Schaltungen, sondern auch andere Bausteine der Elektrotechnik und Elektronik. Wenn Sie dieses Buch bis hierher durchgelesen haben, wird Ihnen die Elektrotechnik samt Elektronik vertraut sein, und es wird Ihnen nicht schwerfallen, dieses Grundwissen Schritt für Schritt weiter auszubauen. Am besten (und am unterhaltsamsten) geht so etwas mit viel Experimentieren und Basteln, denn dabei lernt man am besten.

Nachbauleichte Schaltung eines Ringzählers mit Lauflicht:

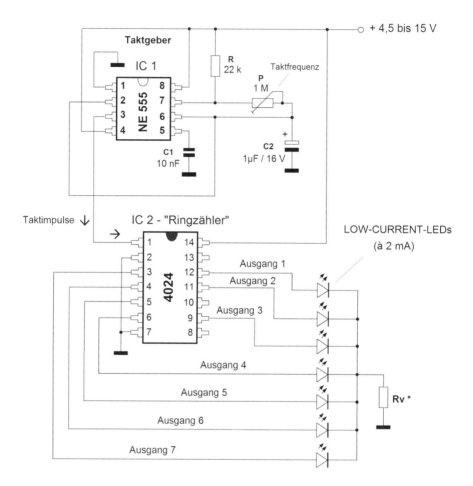

* Bei einer 4,5-V-Versorgungsspannung und 2 mA-LEDs: Rv = 1,2 k
  bei einer 6-V-Versorgungsspannung und 2 mA-LEDs: Rv = 2 k (zwei 1 k-Widerstände in Serie)
  bei einer 9-V-Versorgungsspannung und 2 mA-LEDs: Rv = 3,4 k (2 x 6,8 k parallel)

Ringzähler mit Timer-ICs "555" und schaltenden Relais:

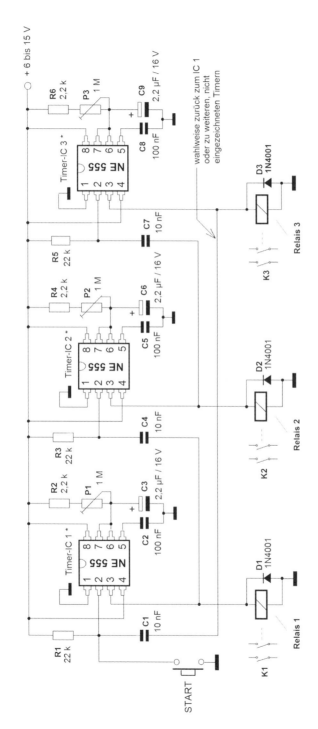

* Die Timer-Kette kann beliebig lang ausgelegt werden, wenn mehrere "Impulsgeber" erforderlich sind; die einzelnen Timer sind alle baugleich.

Potentiometer P1 bis P3 können entfallen, wenn der ohmsche Wert der Widerstände R2, R4 und R6 auf ca. 47 k bis 220 k (experimentell) erhöht wird. Längere Einschaltdauer einzelner Stufen wird durch größere Kapazitäten der Kondensatoren C3, C6 und C9 erzielt.

Mit dem Verstärker-IC **TDA 7052** kann ein 1-Watt-Verstärker mit einer sehr guten
Wiedergabequalität im Handumdrehen gebaut werden:

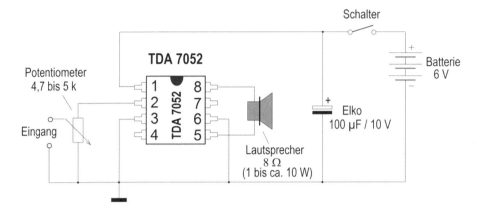

26 Digitale Fernsehtechnik

Das digitale Fernsehen und somit auch diverse andere digitale Techniken sind inzwischen Normalität geworden. Worum es sich dabei konkret handelt, ist den meisten Menschen nicht ganz deutlich. Am einfachsten lässt sich der Unterschied anhand eines digital gespeicherten oder digital übertragenen Tons erklären:

Ein Ton verbreitet sich in der Luft in der Form von Schwingungen, die uns bereits der Lehrer in der Schule mit dem Verhalten einer Wasserfläche erklärt hat: Wirft man einen Stein in den Weiher, bilden sich um die „Aufprall-Stelle" ringförmige Wellen, die sich von dem Mittelpunkt in alle Richtungen ausbreiten usw. So weit müssen wir aber mit der Aufklärung nicht gehen. Es genügt, wenn wir eine solche Welle auf ein Blatt Papier zeichnen:

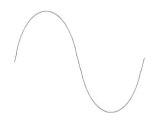

In dieser exakten Form kann die Klangwelle auch analog gespeichert werden (z.B. auf ein Audio-Band).

Wir können aber eine solche Welle auch digitalisieren und in der Form von einzelnen „Balken" folgendermaßen digital speichern:

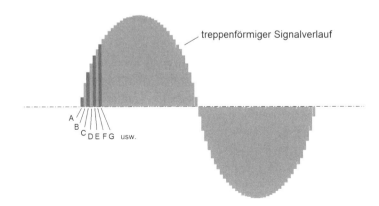

treppenförmiger Signalverlauf

A B C D E F G usw.

Die in der Zeichnung abgestuften Balken A bis G dienen nur einer leichteren Vorstellung der Zusammensetzung eines solchen Klangbildes. Solche Balken können als Spannungen gespeichert bzw. als nacheinander folgende Spannungs-Größen (Spannungswerte) übertragen werden.

Das Größenverhältnis einzelner „Balken" bestimmt in unserem Beispiel die Form, und die „Feinheit" (Frequenz) der Digitalisierung ist dafür bestimmend, wie fein oder grob der dargestellte Signalverlauf wird. Je feiner die Abbildung zerschnitten wird, desto kleiner werden die hier eingezeichneten Stufen und desto „feiner" wird das Bild. Das Bild kann die Form eines Klanges, aber z.B. auch die Form eines Hauses oder eines beliebigen anderen Objektes darstellen. Man kann sich anhand dieses Beispiels leicht vorstellen, dass sich mit dieser Methode eine solche Form auch nur mit Hilfe von Zahlenreihen registrieren oder versenden lässt. Die einzelnen Zahlen können sich z.B. nur auf die Höhe der einzelnen Balken beziehen. Da diese Balken jeweils eine einheitliche Breite haben, ergibt sich aus der Vorgabe des Rasters ein relativ exaktes Bild (in diesem Fall der Verlauf eines Tones oder einer Silhouette).

Das Relative an solcher Darstellung ist die Feinheit des Rasters. Wir haben in unserem Beispiel ein ziemlich grobes Raster der Digitalisierung (relativ breite Balken) gewählt, wodurch der Signalverlauf ziemlich „ungehobelt" treppenförmig ausgefallen ist. In der Technik bestimmt die Breite der Balken die Frequenz, mit der ein Signal digitalisiert wird. Je höher die Frequenz ist, desto weniger fallen die Treppen bei dem Signalverlauf auf.

Wird ein Klang aus Kostengründen zu grob digitalisiert, klingt er unnatürlich scharf. Das kennen wir z.B. von sprechenden oder musizierenden Spielzeugen, von billigen elektronischen Tür-Gongs oder von primitiv digitalisierten Handy-Melodien.

Vom geometrischen Standpunkt aus betrachtet, dürfte man prinzipiell davon ausgehen, dass auch ein sehr gut digitalisiertes Signal (Klang oder Bild) ein Analogsignal eigentlich nicht übertreffen kann. Das stimmt auch. Allerdings nur in Hinsicht auf eine grafische Darstellung. Wenn jedoch ein Audio- oder Videosignal elektronisch verarbeitet bzw. gesendet und empfangen wird, unterliegt es vielen Verzerrungen und Störungseinflüssen, gegen die digitale Signale relativ unempfindlich sind. Dies ist der Hauptgrund dafür, dass bei dem heutigen Stand der Technik die digitale Ton- und Videoverarbeitung – darunter auch das digitale Fernsehen – als die vorteilhaftere Technik angesehen wird.

Der drahtlose (kabellose) Empfang kann über zwei Wege erfolgen: terrestrisch oder über Satelliten.   Der terrestrische Empfang stellt als solcher nichts Neues dar, es gibt ihn schon „ewig". Vor einiger Zeit, als es noch keine Übertragung über Satelliten gegeben hat, konnte man die Fernsehprogramme nur terrestrisch – also nur über Antennen – empfangen. Die Übertragung beruhte jedoch auf der Analogtechnik, die ziemlich störungsanfällig war und zudem auch nur eine beschränkte Reichweite hatte.

Eine beschränkte Reichweite hat zwar auch das terrestrisch ausgestrahlte Digitalfernsehen (DVB-T-Fernsehen), das nur im Umkreis von etwa 75 km vom Sender optimal empfangen werden kann, aber es ist – im Vergleich zum Analogfernsehen – relativ störungsfrei.

Der „stationäre" Empfang digital ausgestrahlter TV- und Radioprogramme kann prinzipiell über drei Wege erfolgen. Den dritten Weg bildet das Kabel.

Das eigentliche System für die Übertragung von Bild und Ton in digitaler Form, nach dessen Kriterien in weiten Teilen der Welt das Digitalfernsehen konzipiert ist, wird als „DVB (*Digital Video Broadcasting*)" bezeichnet. Die drei unterschiedlichen Übertragungswege werden bei dem DVB-System mit einem zusätzlich angehängten Buchstaben spezifiziert:

DVB-T – digitales terrestrisches Fernsehen – stellt nur eine neue Variante der traditionellen direkten drahtlosen „Luftverbindung" von Sendeantenne zu Empfangsantenne dar. Für den Empfang von DVB-T benötigen die Fernsehgeräte einen zusätzlichen „DVB-T-Receiver", der in manchen Fernsehern bereits herstellerseitig integriert ist bzw. als ein kostengünstiges Kleingerät zusätzlich anfällt. Für den Empfang ist im „Sendebereich" nur noch eine kleine Zimmerantenne erforderlich, die z. B. direkt auf dem Fernseher stehen kann.

DVB-S – digitale Satelliten-Programmübertragung – bietet den mit Abstand komfortabelsten Empfang von einer großen Menge an Fernseh- und Radioprogrammen, stellt aber auch systemspezifische Ansprüche an eine gute Planung und Installation der Anlage.

Die Vernetzung der Empfangsantenne (des SAT-Spiegels mit LNB – *Low Noise Block converter*) mit den Anschlüssen einzelner Teilnehmer, muss neben ihrer Anzahl auch ihre individuellen Bedürfnisse berücksichtigen. Das ist bei einem Einfamilienhaus einfacher als bei einem größeren Wohnhaus mit vielen Teilnehmern. Dennoch müssen auch bei einem Einfamilienhaus die individuellen Gegebenheiten und Wünsche in die Planungsüberle-

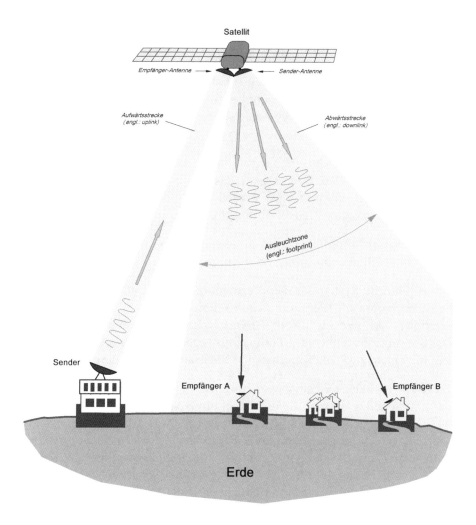

gungen sorgfältig einbezogen werden, da spätere Änderungen mit oft aufwendigeren baulichen Maßnahmen verbunden sind.

DVB-C – digitales Kabelfernsehen. Um das digitale Kabelfernsehen empfangen zu können, muss zwischen dem TV-Wandanschluss und dem Fernseher eine „Set-Top-Box" (ein spezieller digitaler Receiver) angeschlossen werden. Die Anzahl der zur Verfügung stehenden Fernseh- und Radioprogramme hängt von dem Angebot des jeweiligen Kabelnetz-Betreibers ab.

26.1 Das Satelliten-Fernsehen

Für den Empfang von Satelliten-Fernsehen sind bekanntlich drei Grundbausteine erforderlich: Der Sat-Spiegel (Sat-Schüssel) mit LNB (bzw. mit
mehreren LNBs), ein Receiver und der Fernseher selbst (in manchen Fernsehern ist der Receiver bereits intern eingebaut):

Sat-TV-Anschluss mit einem Single-LBNB:

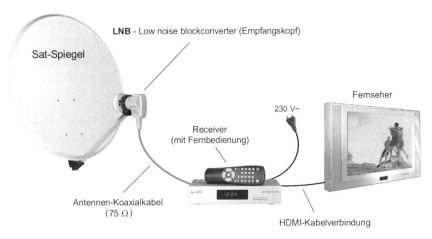

Sat-TV-Anschluss mit einem Twin-LNB:

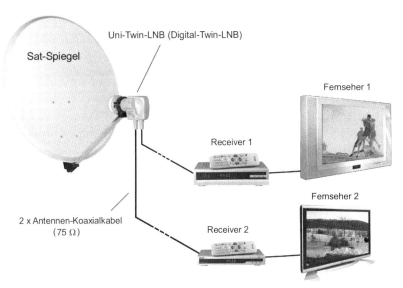

Für die Planungsüberlegungen eines neuen Anschlusses ist wichtig zu wissen, wie viele Anschlüsse für z. B. ein Einfamilienhaus optimal wären. Dies hängt natürlich vor allem von der vorgesehenen Teilnehmer-Anzahl ab. Zu unterscheiden ist hier jedoch zwischen den Begriffen *„Teilnehmer"* und *„Teilnehmer-Antennen-Anschluss"*. Viele der modernen Fernseher sind für eine Bild-in-Bild-Wiedergabe ausgelegt, in manchen ist ein Twin-Receiver mit Festplatte integriert oder es wird ein externer Twin-Receiver mit z. B. einer internen Festplatte oder mit einem zusätzlichen Aufnahmegerät angewendet. In allen diesen Fällen ist es erforderlich, dass ein jeder „Teilnehmer" gleichzeitig zwei unterschiedliche Fernsehprogramme empfangen kann. Davon kann bei Bedarf z. B. eines auf dem Bildschirm laufen und ein anderes gleichzeitig aufgenommen werden oder es kann die Bild-in-Bild-Einblendung genutzt werden.

Bei einer SAT-Anlage, bei der der Antennen-Anschluss vom LNB direkt an den Antennen-Eingang des Receivers angeschlossen wird, sind dann prinzipiell ein Twin-LNB, zwei Antennen-Anschlüsse und zwei Receiver (bzw. ein Twin-Receiver) pro Teilnehmer fällig. Das hat noch einen besonderen Grund: Die Programme einzelner Sender werden aus Gründen der „Platzersparnis" in zwei unterschiedlichen Polarisationsebenen übertragen. Einem Teil der Sender (darunter ARD, ZDF, RTL 2 und VOX) wurde die horizontale Polarisationsebene „H" zugeteilt, einem anderen Teil der Sender (darunter SAT 1, Kabel 1 und Pro Sieben) die vertikale Polarisationsebene „V". Und man hat sich einfallen lassen, dass jeder LNB intern mit einem elektronischen Umschalter der Polarisationsebenen ausgelegt ist, der vom Receiver aus automatisch (beim Eingeben des Sender-Namens über die Fernbedienung) jeweils auf die passende Polarisationsebene umgeschaltet wird (siehe Abbildung S. 225 oben)

Grundsätzlich ist es vorteilhafter, wenn der Teilnehmer-Anschluss zumindest als „Twin-Antennenanschluss" ausgelegt wird. Anstelle von zwei separaten LNBs wird dann im einfachsten Fall ein Twin-LNB, ansonsten bei Bedarf ein Quad- oder Octo-LNB angewendet, der zwei, vier oder bis zu acht Einzel-LNBs ersetzt und nur einen gemeinsamen SAT-Spiegel benötigt (siehe folgende Abbildung).

Von jedem der LNB-Anschlüsse muss hier allerdings eine separate Antennen-Zuleitung (Koax-Kabel) zu jedem Teilnehmer-Receiver verlegt werden (siehe Abbildungen S. 226).

Diese Lösung eignet sich nur für kleinere Wohnhäuser, bei denen zudem kein Bedarf am Empfang mehrerer Satelliten besteht (üblicherweise genügt

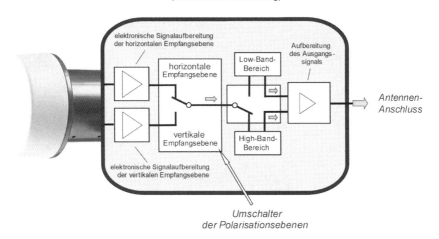

Innenleben eines Universal-LNBs
(vereinfachte Darstellung)

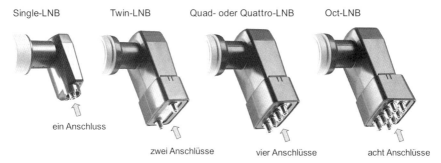

Single-LNB   Twin-LNB   Quad- oder Quattro-LNB   Oct-LNB

ein Anschluss

zwei Anschlüsse   vier Anschlüsse   acht Anschlüsse

es, wenn der „deutschsprachige Haupt Satellit" *Astra 19.2E* empfangen wird). Je nach Teilnehmerzahl und Bedürfnissen können in den dafür vorgesehenen Räumen (Wohnzimmer, Schlafzimmer, Kinderzimmer, Küche) Single- oder Twin-Anschlüsse (für Twin-Receiver) verlegt werden. Für Einfamilien-Häuser gibt man sich oft mit einem Twin- oder Quad-LNB zufrieden. Braucht man unter Umständen nicht mehr als drei unabhängige Antennen-Anschlüsse, wird ein Quad-LNB angewendet, dessen nicht benutzter Anschluss mit einem dafür vorgesehenen „DC-Entkoppler" zu verschließen ist:

Gut zu wissen: Für den Empfang der digitalen Fernsehsignale ist ein Digital-LNB bzw. ein „Uni-LNB erforderlich. Bestehende Analog-LNBs müssen bei der Umrüstung durch Digital-LNBs ersetzt werden. Der SAT-Spie-

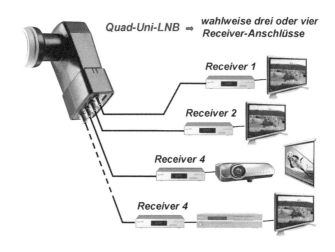

Quad-Uni-LNB ⇒ wahlweise drei oder vier
Receiver-Anschlüsse

Receiver 1

Receiver 2

Receiver 4

Receiver 4

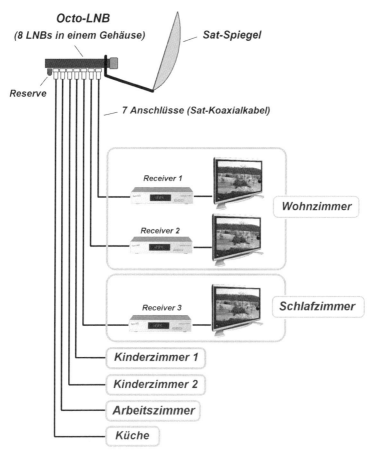

Octo-LNB
(8 LNBs in einem Gehäuse)

Sat-Spiegel

Reserve

7 Anschlüsse (Sat-Koaxialkabel)

Receiver 1

Wohnzimmer

Receiver 2

Receiver 3

Schlafzimmer

Kinderzimmer 1

Kinderzimmer 2

Arbeitszimmer

Küche

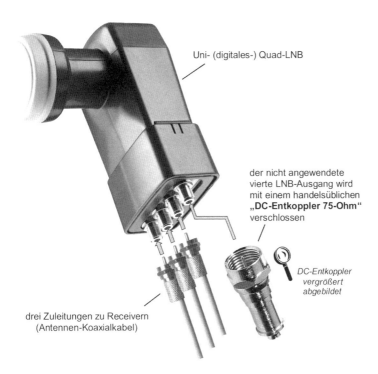

Uni- (digitales-) Quad-LNB

der nicht angewendete
vierte LNB-Ausgang wird
mit einem handelsüblichen
„DC-Entkoppler 75-Ohm"
verschlossen

*DC-Entkoppler
vergrößert
abgebildet*

drei Zuleitungen zu Receivern
(Antennen-Koaxialkabel)

gel darf bleiben, wenn sein Durchmesser etwa 85 cm (für Single-, Twin-
oder Quattro-LNB) bis 100 cm (für Quad- oder Octo-LNB) beträgt und die
Spiegel-Innenfläche noch intakt (ohne Rostflecken oder Hageldellen) ist.
Der Receiver und der Fernseher sollten ebenfalls für das digitale HD-Fern-
sehen ausgelegt sein. Ein älterer Fernseher kann zwar notfalls weiterhin
verwendet werden, aber die Bildqualität verzeichnet dann Einbußen.

Einen ausgesprochenen Outsider unter den LNBs stellt der Quattro-LNB
dar. Er unterscheidet sich zwar äußerlich nicht von einem Quad-LNB, ist
aber intern anders ausgelegt und funktioniert gewissermaßen ähnlich wie
ein Twin-LNB, der über keinen internen Umschalter der zwei Polarisations-
Ebenen verfügt. Seine zwei LNBs teilen sich intern jeweils in zwei Sektionen mit separaten Ausgängen der horizontalen und vertikalen Polarisations-
Kanäle. Das Umschalten der erforderlichen Polarisationsebenen muss bei
Quattro-LNBs von Außen erfolgen – was mit Hilfe eines zusätzlichen Spe-
zial-Umschalters (etwa mittels eines DiSEqC-Schalters) gemacht wird:

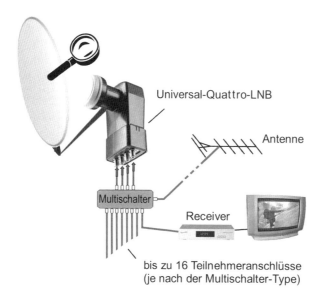

Universal-Quattro-LNB

Antenne

Multischalter

Receiver

bis zu 16 Teilnehmeranschlüsse
(je nach der Multischalter-Type)

Multischalter/DiSEqC-Umschalter

Bei Anwendung eines Multischalters ändert sich an der eigentlichen Bedienung des Fernsehers und des Receivers nichts. Mit diesem Trick kann von
einem einzigen SAT-Spiegel aus eine fast beliebig große Anzahl von Teil-
nehmer-Receivern versorgt werden kann. Wahlweise können an dafür vorgesehene „spezielle" Multischalter auch mehrere LNBs angeschlossen werden, um mehrere Satelliten empfangen zu können (siehe Abbildung S. 229).

Als DiSEqC- *(Digital Satellite Equipment Control-)* Schalter werden spezielle elektronische Schalt- und Verteilergeräte bezeichnet, die zwischen den
LNB und die Receiver angeschlossen werden, wenn sich z. B. mehrere Anwender (oder Receiver) eine gemeinsame Sat-Antenne teilen sollen oder
wenn ein Teilnehmer mehrere Satelliten (über mehrere LNBs) empfangen
will. Teilweise werden diese Schalter schlicht auch als *Multischalter* bezeichnet. Generell können solche Schalter typenbezogen sehr unterschiedliche Aufgaben meistern – worauf bei der Auswahl zu achten ist.

Die meisten dieser Schalter benötigen als „Signalquelle" ein Quattro-LNB,
einige sind jedoch für Quad- oder Single-LNB ausgelegt. Die Antennen-
Zuleitung zum Multischalter, der im Gebäude-Inneren installiert wird, besteht dann oft aus vier Koax-Kabeln. Einige der spezielleren DiSEqC-
Schalter sind für den Empfang von zwei bis vier verschiedenen Satelliten
ausgelegt und für den Anschluss von Single- oder Quad-LNBs vorgesehen
(siehe Abbildung S. 230).

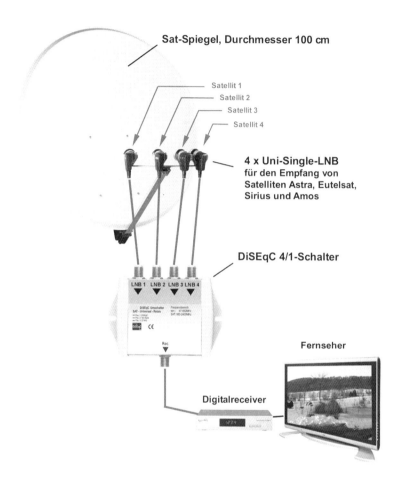

Sat-Spiegel, Durchmesser 100 cm

Satellit 1
Satellit 2
Satellit 3
Satellit 4

4 x Uni-Single-LNB
für den Empfang von
Satelliten Astra, Eutelsat,
Sirius und Amos

DiSEqC 4/1-Schalter

Fernseher

Digitalreceiver

Bis auf einige Ausnahmen benötigen Multischalter einen Stromanschluss und beziehen oft ununterbrochen auch dann Strom, wenn alle Teilnehmer-Receiver auf Stand-by stehen bzw. ausgeschaltet sind.

Einkabel-Systeme

Für Gemeinschaftsanlagen in Mehrfamilienhäusern bieten *Einkabel-Systeme* oft eine preisgünstige Lösung. Die meisten dieser Systeme können durch zusätzliches Kaskadieren erweitert werden. Sie sind herstellerseitig ziemlich unterschiedlich konzipiert und daher ist bereits im Planungsstadium darauf zu achten, welche Vor- und Nachteile die eine oder die andere Lösung in der Praxis mit sich bringt. Besondere Aufmerksamkeit verdient bei der Systemwahl die Frage, eine wie große Sender-Anzahl das vorgesehene System maximal verarbeiten und weiterleiten kann. Im Gegensatz zu

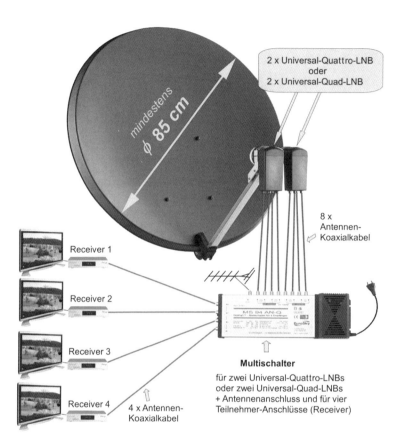

einem Single-, Twin-, Quad- oder Octo-LNB, die generell alle vom Satelliten ausgestrahlten Signale empfangen und an den Receiver weiterleiten können, gibt es bei einigen Einkabel-Systemen oft technisch bedingte Einschränkungen der Frequenzbereiche. Meist kann da nur eine – vom Hersteller festgelegte – Anzahl der vom Satelliten ausgestrahlten Sender empfangen werden.

Die Teilnehmer-Anschlüsse erfolgen bei allen diesen Systemen über spezielle Durchgangs- und Enddosen und die angewendeten Receiver müssen bei einigen der Systeme mit einer „Einkabel-tauglichen" Software ausgelegt sein:

Koaxialkabel

Als Leiter des empfangenen Fernsehsignals werden die dafür vorgesehenen abgeschirmten 75 Ω-Koaxialkabel *(Koaxkabel)* angewendet. Beim Digitalfernsehen entstehen durch die hohen Signal-Frequenzen in den Koaxialka-

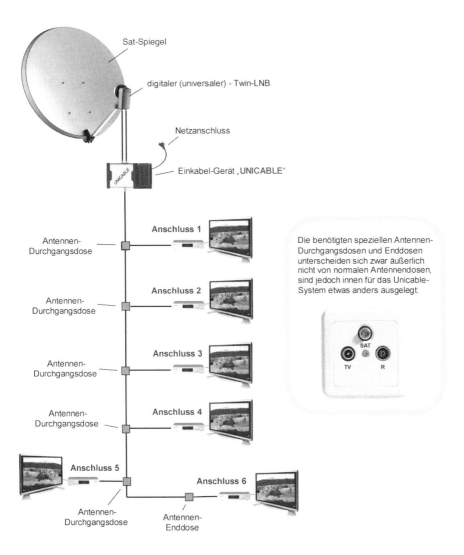

Sat-Spiegel

digitaler (universaler) - Twin-LNB

Netzanschluss

Einkabel-Gerät „UNICABLE"

Anschluss 1

Antennen-
Durchgangsdose

Anschluss 2

Antennen-
Durchgangsdose

Anschluss 3

Antennen-
Durchgangsdose

Anschluss 4

Antennen-
Durchgangsdose

Anschluss 5

Anschluss 6

Antennen-
Durchgangsdose

Antennen-
Enddose

Die benötigten speziellen Antennen-
Durchgangsdosen und Enddosen
unterscheiden sich zwar äußerlich
nicht von normalen Antennendosen,
sind jedoch innen für das Unicable-
System etwas anders ausgelegt:

SAT
TV   R

beln Übertragungsverluste. Sie werden vor allem durch die Kapazität des Koaxialkabels verursacht, die sich auf das Fernsehsignal als ein Kondensator auswirkt, der es „unterwegs zum Receiver" teilweise gegen die Abschirmung (Masse) leitet. Je niedriger die Kapazität eines Koaxialkabels und je niedriger die Frequenz des Signals ist, desto niedriger sind auch die Signalverluste, die in der Leitung entstehen und als sogenannte *Dämpfung in dB (Dezibel)* unter den technischen Daten eines Koaxialkabels angegeben werden. Die frequenzabhängige Dämpfung wird jedoch *nur* bei manchen der teureren Koaxialkabel z. B. in der Form von *„Dämpfung: 100 MHz / 100m*

= *17 dB"* angegeben. Manche Hersteller geben anstelle von dem *Dämpfungswert* nur die *Kapazität pro Meter (als z. B. 77 pF oder 100 pF)* an. Je höher die Kapazität des Koaxkabels ist, desto höher sind seine Dämpfung und somit auch die im Kabel entstandenen Signalverluste. Mit steigendem Durchmesser des Koaxkabels steigt der Abstand des Kabel-Kerns von der ihm ummantelnden Abschirmung und es sinkt seine Kapazität. „Dünnere" Koaxkabel eignen sich daher nur für kürzere Anschlüsse, denn ihre zu hohe Kapazität schwächt das vom LNB angebotene TV-Signal zu sehr ab. Und die „Stärke" des vom LNB angebotenen TV-Signals hängt wiederum von dem Durchmesser des TV-Spiegels, seiner perfekten Ausrichtung und den jeweiligen Wetterbedingungen ab.

Der Schutz, den die *Abschirmung* eines Antennenkabels bietet, hat einen wichtigen Stellenwert an Standorten, in deren Nähe sich Funksender, Maschinenhallen oder andere Störquellen befinden. In dem Fall ist etwas mehr auf das so genannte *Schirmungsmaß* des Koaxialkabels zu achten: Ein *Standard-Schirmungsmaß* wird hier mit „> 75 dB" (= größer als 75 Dezibel) angegeben. Koaxialkabel mit einer besseren Abschirmung haben ein Schirmungsmaß zwischen „>90 dB" (= größer als 90 Dezibel) und ca. „120 dB". Wird das Antennenkabel in einem ruhigen Wohngebiet in einem kleineren Haus verlegt, braucht man sich mit der Frage des optimalen Schirmungsmaßes nicht auseinanderzusetzen.

Koaxialkabel werden meist mit nur einer oder zwei Abschirmungen gefertigt. Für den Anschluss werden F-Stecker verwendet, die an der Buchsen-Seite ein Normgewinde haben, das sowohl an alle LNBs als auch an alle Antennenanschlüsse der Receiver und anderer Bausteine passt. Das Innengewinde der F-Stecker hat jedoch unterschiedliche Durchmesser, damit es ausreichend fest auf die Abschirmungen der Koaxkabel aufgedreht werden kann (hier ist Ausprobieren angesagt). Der Kern des Koaxkabels dient gleichzeitig als ein Pol der Steckverbindung. Den zweiten Pol bildet die Abschirmung mit dem „Mantel" des F-Steckers.

Hinweis: Nicht alle SAT-Koaxialkabel eignen sich für Anwendungen im Außenbereich (viele werden brüchig). Wenn zwischen dem LNB und dem Teilnehmer-Anschluss im Haus noch ein DiSEqC-Schalter installiert wird, kann von ihm aus zu den Receivern ein SAT-Koaxialkabel verlegt werden, das für den Innenbereich vorgesehen ist.

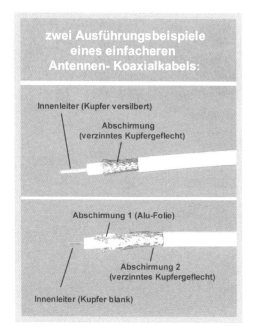

zwei Ausführungsbeispiele eines einfacheren Antennen- Koaxialkabels:

Innenleiter (Kupfer versilbert)

Abschirmung (verzinntes Kupfergeflecht)

Abschirmung 1 (Alu-Folie)

Abschirmung 2 (verzinntes Kupfergeflecht)

Innenleiter (Kupfer blank)

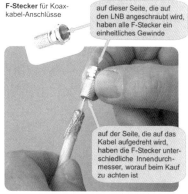

F-Stecker für Koax-kabel-Anschlüsse

auf dieser Seite, die auf den LNB angeschraubt wird, haben alle F-Stecker ein einheitliches Gewinde

auf der Seite, die auf das Kabel aufgedreht wird, haben die F-Stecker unterschiedliche Innendurchmesser, worauf beim Kauf zu achten ist

Sechskant-Mutter zum Festdrehen des Steckers

(geht am besten mit einem Schlüssel Nr. 11)

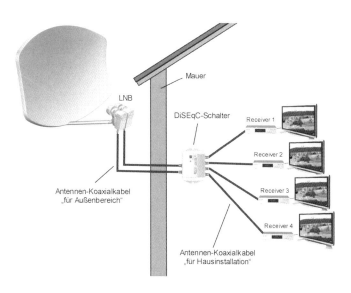

Mauer

LNB

DiSEqC-Schalter

Receiver 1

Receiver 2

Receiver 3

Receiver 4

Antennen-Koaxialkabel „für Außenbereich"

Antennen-Koaxialkabel „für Hausinstallation"

Elektronikversandhäuser
(auch für Kataloganforderungen):

Conrad Elektronik
Klaus-Conrad-Straße, 92240 Hirschau
Tel.: 0180/5 31 21 11, Fax: 5 31 21 10
http://www.conrad.de

ELV
Tel.: 0491/60 08 88, Fax: 0491/70 16
www.elv.de

RS-Components
Hessenring 13 b, 64546 Mörfelden
Tel.: 06105/401-234, Fax: 401-100
www.rsonline.de

Sachverzeichnis